物理能量转换

图文并茂，具有趣味性、知识性

U0680649

QICAIGUANGXUE

七彩光学

编著◎吴波

中国出版集团
现代出版社

图书在版编目（CIP）数据

七彩光学／吴波编著．—北京：现代出版社，
2013.1
（物理能量转换世界）
ISBN 978 – 7 – 5143 – 1040 – 5

Ⅰ.①七… Ⅱ.①吴… Ⅲ.①光学 – 青年读物②光学
– 少年读物 Ⅳ.①O43 – 49

中国版本图书馆 CIP 数据核字（2012）第 292894 号

七彩光学

编　　著	吴　波
责任编辑	张　晶
出版发行	现代出版社
地　　址	北京市安定门外安华里 504 号
邮政编码	100011
电　　话	010 – 64267325　010 – 64245264（兼传真）
网　　址	www. xdcbs. com
电子信箱	xiandai@ cnpitc. com. cn
印　　刷	固安县云鼎印刷有限公司
开　　本	710mm × 1000mm　1/16
印　　张	12
版　　次	2013 年 1 月第 1 版　2021 年 3 月第 3 次印刷
书　　号	ISBN 978 – 7 – 5143 – 1040 – 5
定　　价	36.00 元

前　言

阳光为万物创造了生机，同样，阳光也是人类生存不可或缺的重要元素之一。人类在生活中处处需要光来照明、取暖、煮食等等。此外，在生产中应用到光的地方更是很多，如今，在能源（清洁能源）、电子（电脑、电视、投影仪等）、通信（光纤）、医疗保健（γ刀、B超仪、光波房、光波发汗房、X线机）等领域，已经广泛应用光学技术，为人类造福。

严格来说，光分为两种：人造光和自然光。自身发光的物体称为光源，光源分冷光源和热光源。

太阳、萤火虫等发出的光属于自然光，X射线、远红外线等则属于人造光。无论是自然光还是人造光，它们都是一种电磁波，也叫可见光谱。光是由光子和可见粒子组成的，同时，也具备了粒子性和波动性。人们肉眼能见到的光的波长在380～760纳米之间。

光能为人类造福，但同时也会对人类的健康造成损害，如：紫外线照射时间过长，会导致人们的皮肤癌变；白昼污染影响人类健康，损坏人体功能；电脑辐射危害上班人群，等等。

在本书中，将从7个方面阐述光，包括：光的世界；自然界中的光；生活中的光；军事用光；医学用光；光学前沿人物和光污染等。通过阅读本书，帮助人们全面地了解光、利用光，趋利避害，让光为人类多造福，减少一点损害。

目　录

带你进入光的世界

自然界中的光

生活中存在的光

军事中应用的光

医学中应用的光

走在光学前沿的人

可怕的光污染

带你进入光的世界

DAI NI JINRU GUANG DE SHIJIE

光的世界是奇妙而有趣的，确切地说，光是一种人类肉眼可以看到的电磁波，它可以在真空、空气和水等一切透明的介质中传播。人们日常接触的光也比较多，如阳光，白炽灯光，荧光灯管、激光器、萤火虫的光等等。

光和光的折射

科学表明，光是地球生命的来源之一；光是人类生活的重要依据；光是人类认识外部世界的工具；光是信息的理想载体和传播媒质。那么，光到底是什么呢？

狭义上，光是一种人类眼睛可以见到的电磁波，我们称之为可见光谱。科学上，光是指所有的电磁波谱。简单地说，光是由一种称为光子的基本粒子组成的，具有粒子性与波动性。

有实验证明，光就是电磁辐射，这部分电磁波的波长范围约在红光的 0.77 微米到紫光的 0.39 微米之间。波长在 0.77 ~ 1 000 微米之间的电磁波统称为"红外线"。在 0.39 ~ 0.04 微米之间的统称为"紫外线"。人的眼睛是看不见红外线和紫外线的，但可以用光学仪器或摄影方法去量度和探测这种发光物体的存在。所以，在光学中光的概念也可以延伸到红外线和紫外线领域，甚至 X 射线均被认为是光，而可见光的光谱只是电磁光谱中的一部分。

科学实验表明，光具有波粒二象性，既可把光看作是一种频率很高的电磁波，也可把光看成是一个粒子，即光量子，简称光子。

一般情况下，光由许多光子组成，在荧光（普通的太阳光、灯光、烛光等）中，光子与光子之间，毫无关联，即它们的波长不一样、相位不一样、偏振方向不一样、传播方向不一样，就像是一支无组织、无纪律的光子部队，各光子都是散兵游勇，不能做到行动一致。当光反射时，反射角等于入射角，在同一平面，位于法线两边，且光路具有可逆性。

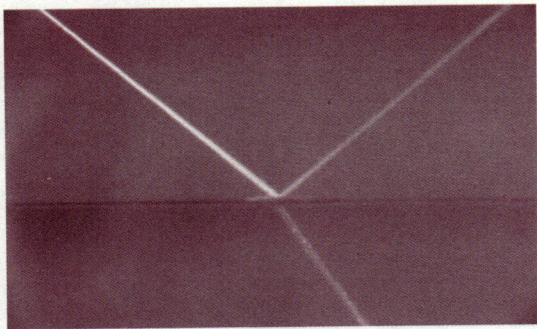

棱镜对光的折射

对人类来说，光的最大规模的反射现象，发生在月球上。我们知道，月球本身是不发光的，它只是反射太阳的光而已。相传记载夏、商、周三代史实的《书经》中就提起过这件事。可见那个时候，人们就已有了光的反射观念。战国时的著作《周髀》就明确指出："日兆月，月光乃生，成明月。"西汉时人们干脆说"月如镜体"，可见对光的反射现象有了深一层的认识。《墨经》里专门记载一个光的反射实验：以镜子把日光反射到人体上，可使人体的影子处于人体和太阳之间。这不但是演示了光的反射现象，而且很可能是以此解释月食的成因。

我们知道，当光线从一种介质斜射入另一种介质中时，会产生折射现象。如果射入的介质密度大于原本光线所在介质密度，则折射角小于入射角。反之，则折射角大于入射角。若入射角为零，则无论如何，折射角为零，不产生折射。但光折射还在同种不均匀介质中产生，理论上可以从一个方向射入不产生折射，但因为分不清界线且一般分好几个层次，又不是平面，故无论如何看都会产生折射现象。

比如，鱼儿在清澈的水中游动，可以看得很清楚。但是，沿着你看见鱼的方向去叉它，你肯定是叉不到的。有经验的渔民会告诉你，只有瞄准鱼的下方才能把鱼叉到，鱼叉叉向的是鱼的实像。从上面看水、玻璃等透明介质中的物体，会感到物体的位置比实际位置高一些，这是光的折射现象引起的。

由于光的折射，池水看起来比实际的浅。所以，当你站在岸边，看见清澈见底，深不过腰的水时，千万不要贸然下去，以免因为对水深估计错误，发生危险。

知识点

介 质

简单地说，介质是指能够传播媒体的载体。一种物质存在于另一种物质内部时，后者就是前者的介质；某些波状运动，如声波、光波中，则称传播的物质为这些波状运动的介质。媒体包括各种文件、数据等，泛指一切可以用电子信号存储的东西。介质亦称媒质。一般地说，它是物理系统在其间存在或物理过程（如力和能量的传递，光和声的传播等）在其间进行的物质。

延伸阅读

光起源的两则传说

《圣经·十诫》中有一个故事是关于光的起源的："起初，神创造天地。地是空虚混沌的，天是黑暗的，神运行在水面上。神说要有光，就有了光，神看光是好的，就把光和暗分开了。神称光为昼，称暗为夜。有黑夜，有白昼，这是头一日。"这是古犹太人讲的故事，借着《圣经》一路流传下来，流传了几千年。另外有一个故事，也是关于光的起源的，广泛流传于住在北极圈的因纽特人中。他们说世界刚形成的时候，有一只乌鸦在寻找啄食掉落在地上的豆子，它找啊找，找得很辛苦，心里便想："这世界上如果有光，可以看得到地面上的豆子，那啄食起来可就简单多了。"乌鸦很认真地想啊想，结果世界就真的有了光亮。

光可以分几类

光无时无刻不伴随我们左右，灯光、太阳光、星光以及动物本身发出的光，如萤火虫等。在开始进行光的分类之前，首先了解一下光源的含义。自身能够发光的物体称为光源。而科学家们又将光源分冷光源和热光源。

那么什么是冷光源呢？冷光源是指发光不发热（或发很低温度的热）的光源，如萤火虫等。反之，热光源就是指发光发热（必须是发较高温度的热）的光源，如太阳等。

其实，在某些时候，光源也可以分为以下3种：

第一种，热效应产生的光，太阳光就是很好的例子。此外，蜡烛等物品也都一样。此类光随着温度的变化会改变颜色。

太阳光

第二种，原子发光，荧光灯灯管内壁涂抹的荧光物质被电磁波能量激发而产生光，此外霓虹灯的原理也是一样。原子发光具有独自的基本色彩，所以，拍摄彩照时我们需要进行相应的补正。

第三种，原子炉发光，这种光携带有强大的能量，但是我们在日常生活中几乎没有接触到这种光的机会。

知识点 ▶▶▶▶▶

热效应

热效应是指物质系统在物理的或化学的等温过程中只做膨胀功时所吸收或放出的热量。根据反应性质的不同，分为燃烧热、生成热、中和热、溶解热等。

延伸阅读

霓虹灯的发明

霓虹灯是城市的美容师，每当夜幕降临时，华灯初上，五颜六色的霓虹灯就把城市装扮得格外美丽。那么，霓虹灯是怎样发明的呢？

据说，霓虹灯是英国化学家拉姆赛在一次实验中偶然发现的。那是1898年6月的一个夜晚，拉姆赛和他的助手正在实验室里进行实验，目的是检查一种稀有气体是否导电。

拉姆赛把一种稀有气体注射在真空玻璃管里，然后把封闭在真空玻璃管中的两个金属电极连接到高压电源上，聚精会神地观察这种气体能否导电。

突然，一个意外的现象发生了：注入真空管的稀有气体不但开始导电，而且还发出了极其美丽的红光。这种神奇的红光使拉姆赛和他的助手惊喜不已，他们打开了霓虹世界的大门。

拉姆赛把这种能够导电并且发出红色光的稀有气体命名为氖气。后来，他继续对其他一些气体导电和发出有色光的特性进行实验，相继发现了氩气能发出白色光，氪气能发出蓝色光，氦气能发出黄色光，氙气能发出深蓝色光……不同的气体能发出不同的色光，五颜六色，犹如天空美丽的彩虹。霓虹灯也由此得名。

色散发现史及定义

关于色散，早在中国古代便有了与之相关的认识，它起源于对自然色散现象——虹的认识。

虹，是太阳光沿着一定角度射入空气中的水滴所引起的比较复杂的由折射和反射造成的一种色散现象。中国早在殷代甲骨文里就有了关于虹的记载。战国时期《楚辞》中有把虹的颜色分为"五色"的记载。南宋程大昌（1123～1195）在《演繁露》中记述了露滴分光的现象，并指出，日光通过一个液滴也能化为多种颜色，实际是色散，而这种颜色不是水珠本身所具有的，而是日光的颜色造成的，这就明确指出了日光中包含有数种颜色，经过水珠的作用而显现出来，可以说，他已接触到色散的本质了。

我国从晋代开始，许多典籍都记载了晶体的色散现象。如记载过孔雀毛及某种昆虫表皮在阳光下不断变色的现象，太阳光照射云母片，经反射后可观察到各种颜色的光。李时珍也曾指出较大的六棱形水晶和较小的水晶珠，都能形成色散。到了明末，方以智在所著《物理小识》中综合前人研究的成果，对色散现象作了极精彩的概括。他把带棱的自然晶体和人工烧制的三棱晶体将白光分成五色，与向日喷水而成的五色人造虹、日光照射泉水产生的五色现象，以及虹霓之彩、日月之晕、五色之云等自然现象联系起来，认为"皆同此理"，即都是白光的色散。所有这些都表明中国明代以前对色散现象的本质已有了一定的认识，但也反映中国古代物理学知识大都是零散、经验性的知识。

那么，究竟什么是色散呢？

复色光分解为单色光而形成光谱的现象叫做光的色散。色散可以利用棱镜或光栅等作为"色散系统"的仪器来实现。复色光进入棱镜后，由于它对各种频率的光具有不同的折射率，各种色光的传播方向有不同程度的偏折，因而在离开棱镜时就各自分散，形成光谱。如一细束阳光可被棱镜分为红、橙、黄、绿、蓝、靛、紫七色光。这是由于复色光中的各种色光的折射率不相同。当它们通过棱镜时，传播方向有不同程度的偏折，因而在离开棱镜时便各自分散。

介质折射率是指介质对光的折射率。介质折射率随光波频率或真空中的波长的变化而变化，当复色光在介质界面上折射时，介质对不同波长的光有不同的折射率，各色光因折射角的不同而彼此分离。1672年，牛顿利用三棱镜将太阳光分解成彩色光带，这是人们首次做的色散实验。任何介质的色散均可分

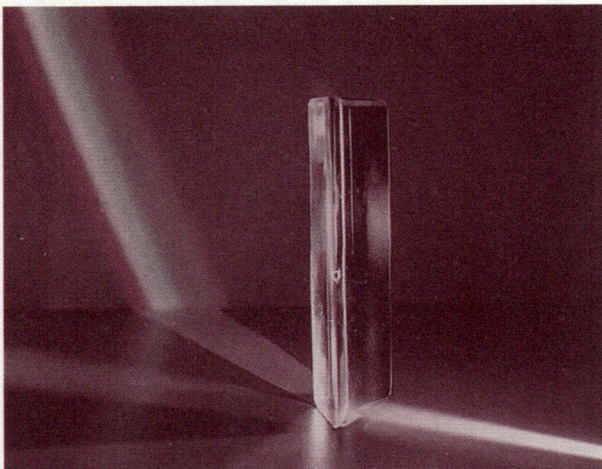

色散效果图

正常色散和反常色散两种。

让一束白光射到玻璃棱镜上，光线经过棱镜折射以后就在另一侧面的白纸屏上形成一条彩色的光带，其颜色的排列是靠近棱镜顶角端是红色，靠近底边的一端是紫色，中间依次是橙黄绿蓝靛，这样的光带叫光谱。光谱中每一种色光不能再分解出其他色光，称它为单色光。由单色光混合而成的光叫复色光。自然界中的太阳光、白炽电灯和日光灯发出的光都是复色光。在光照到物体上时，一部分光被物体反射，一部分光被物体吸收。如果物体是透明的，还有一部分透过物体。不同物体，对不同颜色的反射、吸收和透过的情况不同，因此呈现不同的色彩。

知识点

云母

云母是一种造岩矿物，通常呈现六方或菱形的板状、片状、柱状晶形。颜色随化学成分的变化而异，主要随 Fe 含量的增多而变深。云母的特性是绝缘、耐高温、有光泽、物理化学性能稳定，具有良好的隔热性、弹性和韧性。在工业上用得最多的是白云母，其次为金云母。其广泛地应用于建材行业、消防行业、灭火剂、电焊条、塑料、电绝缘、造纸、沥青纸、橡胶、珠光颜料等化工工业。云母也在动漫中作为人物名称出现。

延伸阅读

色散系数

由于同一透明介质对不同波长的光存在折射率的差异，而白光又是由不同波长的各色光组成的，因此透明物质在折射白光时会发生色散现象。色散系数是衡量透镜成像清晰度的重要指标，通常用阿贝数（色散系数的倒数）

表示。阿贝数越大，色散就越小，反之，阿贝数越小，则色散就越大，其成像的清晰度就越差。即表征某种材料对光源（光波谱线）的分离作用；理想透镜是一束平行白光通过后，聚焦于一点，但由于材料对不同的光波波长表现出不同的折射率，就对光线产生了分离作用，使其聚焦于多点（形成"彩虹"现象）。

总的来说有这样一个规律：材料的折射率越大，色散越厉害，即阿贝数越低。

身手敏捷的光速

夏天打雷下雨时，有些人可能会很困惑，为什么在每次雷雨中，总是先看到闪电，后听到雷声呢？今天，我们就带着这个问题讨论一下光速。

所谓光速，就是光在单位时间内传播的速度。科学计算得出光在真空中的速度为 30 万千米/秒。通俗一点讲，就是光可以在一秒走 30 万千米路，而我们知道声速只是 340 米/秒。这就是我们在打雷下雨时为何先看到雷电而后听到雷声的缘故了。

闪 电

既然光速这么快，那么我们看距离我们 1.5 亿千米远的太阳需要多长时间呢？科学家得出的结论是约 8 分钟，即光从离我们 1.5 亿千米远的太阳上发射出来，到达地球大约需要 8 分钟的时间。

其实，早在 17 世纪以前，天文学家和物理学家便认为光速是无限大的，宇宙恒星发出的光都是瞬时到达地球的。1676 年丹麦天文学家罗默，利用天文观测，测量了光速。1849 年法国科学家斐索在实验室里，用巧妙的装置首次在地面上成功地测出了光速。1973 年美国标准局的埃文森采用激光方法利用频率和波测定光速为 299 792 485 米/秒。经 1975 年第十五届国际计量大会确认，上述光速作为国际推荐值使用。

1983 年第十七届国际计量大会上通过米的新定义为真空中光在 1/299 792 458 秒时间间隔内行程的长度。

在人们测出光速之后，它便取代了保存在巴黎国际计量局的铂制米原器被选作定义"米"的标准，并且约定光速严格等于 299 792 458 米/秒，米被定义为 1/299 792 458 秒内光通过的路程，光速用"c"来表示。

知 识 点

恒 星

恒星是由炽热气体组成的，是能自己发光的球状或类球状天体。由于恒星离我们太远，不借助于特殊工具和方法，很难发现它们在天上的位置变化，因此古代人把它们认为是固定不动的星体。我们所处的太阳系的主星太阳就是一颗恒星。在晴朗无月的夜晚，且无光污染的地区，一般人用肉眼大约可以看到 6 000 多颗恒星。借助于望远镜，则可以看到几十万乃至几百万颗。估计银河系中的恒星大约有 1 500 亿至 2 000 亿颗。

延伸阅读

光速不变原理

光速不变原理是狭义相对论的两个基础公设之一，在狭义相对论中，指的是无论在何种惯性参照系中观察，光在真空中的传播速度相对于该观测者都是一个常数，不随光源和观测者所在参考系的相对运动而改变。这个数值始终保持在 299 792 458 米/秒。

光速不变原理是由联立求解麦克斯韦方程组得到的，并为迈克耳孙·莫雷实验所证实。光速不变原理是爱因斯坦创立狭义相对论的基本出发点之一。

在广义相对论中，由于所谓惯性参考系不再存在，爱因斯坦引入了广义相对性原理，即物理定律的形式在一切参考系都是不变的，这也使得光速不变原理可以应用到所有参考系中。

揭开光压的面纱

我们知道书本放在桌子上，会对桌子产生压力；密集的雨点打在伞面上，雨水也会对伞面产生压力。然而你知道光照射到物体表面也会对物体的表面产生压力吗？

远在1748年欧拉就已指出光压的存在。而在1873年英国物理学家麦克斯韦也预言了光压的存在，并指出光照射到物体上，使物体受到的压力大小决定于光在单位长度上所具有的能量。只是在很多情况下，光的能量太小，我们不易察觉到光压的存在。

事实证明，要观察证实光压的存在，一定要使用放大微小物理量的办法才行。1901年美国物理学家赫尔用实验证明了光压的存在。他在一个抽成真空的容器中（注：之所以将容器抽成真空，旨在排除气体分子对实验的干扰），用一根细长的石英丝，把一根轻杆从中间横向吊起，横杆的两端各有一个小圆盘。让一束光照射

彗星拖着长长的尾巴

到小圆盘上，发现原来静止的小圆盘沿着入射光的入射方向转了一个很小的角度，从而证明了光压的存在。通过科学测算，太阳光照射到地球表面，能在每平方米的面积上产生 4.5×10^{-6} 牛顿的压力。

既然光压这么小，解释并测量光压有用吗？回答是肯定的。事实证明，光

压在解释天体现象中有一定作用，你知道彗星那长长的彗尾是怎么形成的吗？就是当彗星从太阳旁边经过时，它的尘粒与气体分子受到太阳光压的作用形成的。当然，恒星能够保持体形稳定也与光压密切相关。

知识点

彗 星

彗星，中文俗称"扫把星"，是太阳系中小天体之一。由冰冻物质和尘埃组成。当它靠近太阳时即为可见。太阳的热使彗星物质蒸发，在冰核周围形成朦胧的彗发和一条稀薄物质流构成的彗尾。由于太阳风的压力，彗尾总是指向背离太阳的方向。

彗星是星际间物质，名字是由希腊文演变而来的，意思是"尾巴"或"毛发"，也有"长发星"的含义。而中文的"彗"字，则是"扫帚"的意思。在《天文略论》这本书中写道：彗星为怪异之星，有首有尾，俗像其形而名之曰扫把星。《春秋》记载，公元前613年，"有星孛入于北斗"，这是世界上公认的首次关于哈雷彗星的确切记录，比欧洲早630多年。

延伸阅读

量子理论

按照光子说的观点，光压是光子把它的动量传给物体的结果。设频率为 υ 的单色光，每秒垂直入射到物体表面每平方米上的能量为 E，则每秒垂直入射到物体表面每平方米上的光子数为 $N = E/(h\upsilon)$。因为每一个光子具有动量 $p = h\upsilon/c$，当光子被物体所吸收时，每个光子传给物体的动量为 $p = h\upsilon/c$，如果入射光子全部被物体所吸收，则物体表面每平方米在每秒内所获得的动量应等于 $N \cdot p = E/c$。物体表面每平方米在每秒内所获得的动量，即光作用在这个面上的光压为 E/c。当光子被物体所反射时，光子的动量从 $+h\upsilon/c$ 变到 $-h\upsilon/c$，则每个光子传给物体的动量为 $2p = 2hv/c$。如果入射光子全部被物体所反射，则作用在物体表面上的光压力为 $N \cdot 2p = 2E/c$。

在一般情况下，当物体表面的反射系数为 ρ 时，则在每秒内入射的全部 N 个光子中，有 $(1 - \rho) N$ 个被吸收而 ρN 个被反射。

光波的组成要素

想要弄清楚光是怎样传播的和光究竟是什么，最好的办法是先从研究水里的波入手，因为水波我们早已熟悉。

如果你向湖里或水池中扔一块砖头或石子，会激起层层水波。而到达岸边的波的个数的多少，则取决于你所扔的石头子的大小。在一段特定的时间内，比如1秒钟里的波的个数叫做波的频率。

与之同理，我们来研究波的长度，波长就

水　波

是一个波的低谷或顶峰到下一个波的低谷或顶峰的距离。波的低谷叫做波谷，波的顶峰叫做波峰。在通常情况下，波长越短，一定时间内波的个数越多，频率越高；反之，波长越长，一定时间内波的个数越少，频率越低。

那么光波究竟有多长呢？科学家们有测量白光光谱中各色光的波长和频率的专门仪器。这种测量是非常精细的工作，因为光的波长非常非常短。作为一个衡量的标准，科学家们创造了一个特殊的计量单位，他们把这种计量单位叫做埃，一埃等于一亿分之一厘米，换句话说，1厘米里有1亿个埃。

通过研究光谱，科学家们发现红光的波长显著地比紫光的波长要长。红光波长为 7 600 埃或 76/100 000 000（一亿分之七十六）米，紫光波长大约只有红光的一半。光谱中其他颜色光的波长在这两者之间变化，按红、橙、黄、绿、蓝、靛、紫顺序越来越短。

当一种颜色的光不被吸收时，该光就会被反射，绿光不易被颜料吸收，于是，我们看到了绿色。根据人们从水波中得知的波长与频率的关系，我们就可以毫不迟疑地得出结论：波长长的光的频率比波长短的低，而红光的频率比其他所有颜色的光都要低。

知识点

紫 光

紫光是可见光中波长最短的，是可见光中透射度最强的，也是对生物体危害最大的光。它在显示生物体秘密的同时，又对生物有着强烈的破坏作用。它是病毒研究中必用的光，又是可将病毒致死的光。紫光将伴着生物界，伴着人类的文明，在环球上永远播散着它那美丽而神奇的光波。

在我国古代，紫光又被称之为"紫气"，它象征着正气与祥瑞，如老子西出函谷关时，守城将领就曾见"有圣人东来，骑青牛，紫气蒸腾"，故留老子作《道德经》五千言。另有说法"紫气通南极，青气绕蓬莱"。

延伸阅读

光 波 炉

光波炉是一种家用烹调用炉，号称微波炉的升级版，光波炉与微波炉的原理不同。光波炉的输出功率多为七八百瓦，但它具有特别的"节能"手段。光波炉是采用光波和微波双重高效加热，瞬间即能产生巨大热量。

光波炉又叫光波微波炉，它和普通微波炉的最大区别，就在于其加热方式。普通的微波炉，内部的烧烤管普遍使用铜管或者石英管。铜管在加热以后很难冷却，容易导致烫伤；而石英管的热效不太高。

光波炉的烧烤管由石英管或者铜管换成了卤素管（即光波管），能够迅速产生高温高热，冷却速度也快，加热效率更高，而且不会烤焦，从而保证食物色泽。从成本上来讲，光波管成本只比铜管或者石英管增加几元钱，所以，现在光波管在微波炉技术上的使用非常普遍。

什么是冰洲石

　　冰洲石，即无色透明纯净的方解石晶体。它在透明矿物中具有最高的双折射率和最大的偏光性能，是人工不可制造也不能代替的天然晶体。实践证明，冰洲石是良好的光学材料、光电子材料，可用于制作激光开关、大屏幕显示器、天文观测太阳黑子的电子望远镜、宝石二色镜、激光测距仪等光学元件。这些光学元件对材料的质量要求是无色、全透明、干涉测试无包裹体、无裂痕、无双晶、无节瘤，紫外光照射无荧光现象，而优良的冰洲石完全可以具备。

冰洲石

　　优质冰洲石晶体产于玄武岩和沸石的方解石脉中，其形成与热液作用有关。统计证明，世界上出产良好方解石晶体的国家有：美国、德国、英国、墨西哥等地。中国的冰洲石晶体质和量都超过世界诸国。

　　冰洲石的用途很广，但它主要用于国防工业和制造高精度光学仪器，如大屏幕显示设备，电子计算机的折光、偏光器，偏光显微镜中的尼科乐棱镜，偏光仪，光度计，旋光测糖计，干涉激光解像仪，化学分析用的比色计等。此外，还可用于制造射程仪及测远仪的配件。冰洲石越来越受到现代工业的青睐，成为现代国防、航空航天和科研事业不可缺少的非金属矿产材料。

QIGAIGUANGXUE

知识点

太阳黑子

　　太阳黑子是在太阳的光球层上发生的一种太阳活动,是太阳活动中最基本、最明显的一项。一般认为,太阳黑子实际上是太阳表面一种炽热气体的巨大旋涡,温度大约为4 500℃。因为其温度比太阳的光球层表面温度要低1 000℃~2 000℃(光球层表面温度约为6 000℃),所以看上去像一些深暗色的斑点。太阳黑子很少单独活动,通常是成群出现。黑子的活动周期为11.2年,活跃时会对地球的磁场产生影响,主要是使地球南北极和赤道的大气环流做经向流动,从而造成恶劣天气,使气候转冷。严重时会对各类电子产品和电器造成损害。

延伸阅读

冰洲石开采技术

　　从目前收集的资料和实际开采分析,现阶段冰洲石开采仍处于十分原始的方法,但又无更好的方法替代。曾有资料推广化学膨胀剂法、酸蚀法解开冰洲石块体,但仍无法松动、解体。

　　对冰洲石的开采要求非常高,首先不能放炮,只能静态爆破,一般使用设备为空压机、风钻即可,投资在1万元左右,静态爆破方法基本上使用的是膨胀剂,或豆制品等膨胀系数大的产品,使用空压机、风钻开采的矿带,主要反映在岩石矿带结构,如冰洲石在岩石中间等情况,个矿不需要投资设备,也就是说冰洲石生长在沙土石中,只需刨开沙土石就可取出。

什么是偏振光波

　　按照科学家们的说法，光的特性之一就是以波的形式从一个地方传播到另一个地方。光波与水波很相似，是从光源开始的一系列的波峰和波谷的扩展。我们可以用一根绳子来做试验。把绳子的一端系在门把手上，另一端握在手里，上下振动手腕就可以产生一系列波。这类上下运动的波，叫做竖直横波。现在，请你仍然拿着绳子，斜着抖动手腕，即向上抖动时往右偏，而向下抖动时往左偏。你就得到了既不同于竖直横波也不同于水平横波的另一种类型的波——斜面横波。

　　实际上，科学家们谈论的波是多种类型的波的混合。有水平横波、竖直横波和许多斜面横波在传播。结果，它成为在各个方向平面内的波的合成。如果我们单独挑出这些波里的任何一种，或者只挑出在给定平面内振动的一种波，我们就得到偏振光波。怎样使一列波成为偏振波呢？

　　让我们再用绳子，演示另一种效果，它会使你更容易理解光波的偏振。

　　把绳子系在门把手上，但先要使绳子通过一个竖直的夹缝，比如用两个椅背夹起来或者拿一个纸箱切出一条缝来。如果你上下抖动手腕，产生的波可以通过椅背间的夹缝到达门把手。但是，如果你左右抖动你的手腕，又会出现什么情况呢？你将得到一个水平横波。但是波会在椅背的夹缝处停住。你刚好"偏振"掉了横波；使它在只有竖直的波可以畅通无阻的椅背前停住了。

　　与此相同，用特殊的材料或棱镜也可以对光波进行处理。这些材料里包含了数以百万计的针状的小晶体，只允许与它们在同样方向上振动的偏振光通过。这种物质叫做偏振片或偏振镜。

知识点

棱　镜

棱镜是透明材料（如玻璃、水晶等）做成的多面体。在光学仪器中应用很广。棱镜按其性质和用途可分为若干种。例如，在光谱仪器中把复合光分解为光谱的"色散棱镜"，较常用的是等边三棱镜；在潜望镜、双目望远镜等仪器中改变光的行进方向，从而调整其成像位置的称"全反射棱镜"，一般都采用直角棱镜。

延伸阅读

自然光

自然光的光波是横波，即光波矢量的振动方向垂直于光的传播方向。通常，光源发出的光波，其光波矢量的振动在垂直于光的传播方向上作无规则取向，但统计平均来说，在空间所有可能的方向上，光波矢量的分布可看作是机会均等的，它们的总和与光的传播方向是对称的，即光矢量具有轴对称性、均匀分布、各方向振动的振幅相同，这种光就称为自然光。

一光年有多长

通常情况下，由于地球上的距离有些短，用千米来讨论就足够了。例如，地球距月球38.6万千米，太阳距地球1.5亿千米等。然而倘若我们用千米做尺度来衡量宇宙间距离的话，似乎有点不合时宜。于是，当我们去测量地球与许多恒星之间的距离时，如距地球4光年之遥的最亮星——半人马座 α 星，我们发现不得不用一个非常巨大的数字来表达。正如科学家研究不同颜色的光的波长而发明一个特殊单位"埃"那样。所以科学家们发明了一个特殊的测量空间距离的单位，这就是光年。1 光年就是光行走 1 年的距离。这是个很壮观的数字，因为光 1 秒钟就走 30 万千米。1 光年大约为 10 万亿千米。距我们最近的亮星半人马座 α 星，也有 4 光年之多。可见星系之间的距离有多远了。

光由太阳到达地球需时约 8 分钟（即地球跟太阳的距离为 8"光分"）。已知距离太阳系最近的恒星为半人马座比邻星，距离约 4.2 光年。

我们所处的星系——银河系的直径约为 10 万光年。

假设有一艘近于光速的宇宙飞船从银河系的一端到另一端，它将需要多于 10 万年的时间。但这只是对于（相对于银河系）静止的观测者而言的，飞船上的人员感受到的旅程实际只有数分钟。这是由于狭义相对论中的移动时钟的时间膨胀现象。

知识点

半人马座

中国只有南方几个省份在春天的晚上才能看到半人马座。座内有两颗亮星，α 星中国古代称为南门二，视星等为 −0.27 米，是全天第三亮星；β 星古称马腹一，视星等为 0.61 米，为全天第十一亮星。这两颗星离得很近，中国古代合称它们为"南门双星"，14 世纪郑和下西洋时，曾用它们来导航。南门二是一颗三合星，它的一颗 11 米的伴星（比邻星）离我们只有 4.2 光年，是距离太阳系最近的恒星。

延伸阅读

距地球 20 光年的类地行星

据悉，一颗类地行星距离地球约 20 光年（约合 190 万亿千米），正围绕一颗比太阳小、温度比太阳低的红矮星（代号为"581C"）运行。它的质量约是地球的6倍，表面温度估计在0℃~40℃之间，与地球表面温度相当。上面很可能存在河流和海洋；如果它是由"大冰球"组成的，那么它的表面可能会是融化的海洋，没有一片陆地的"水世界"。由于行星"581C"距它的"太阳"红矮星非常近，所以它的公转也很快，一年只有13天。因此，如果人类到这颗行星上居住，每过13天就要过一回生日。美国NASA天体生物学专家克里斯·麦凯说："那是一颗具有潜在可居住条件的类地球行星。"

圭表及其用途

圭表是我国古代度量日影长度的一种天文仪器，由"圭"和"表"两个部件组成。直立于平地上测日影的标杆和石柱，叫做表；正南正北方向平放的测定表影长度的刻板，叫做圭。

很早以前，人们发现房屋、树木等物在太阳光照射下会投出影子，这些影子的变化有一定的规律。于是便在平地上直立一根竿子或石柱来观察影子的变化，这根立竿或立柱就叫做"表"；用一把尺子测量表影的长度和方向，则可知道时辰。后来，发现正午时的表影总是投向正北方向，就把石板制成的尺子平铺在地面上，与立表垂直，尺子的一头连着表基，另一头则伸向正北方向，这把用石板制成的尺子叫"圭"。正午时表影投在石板上，古人就能直接读出表影的长度值。

经过长期观测，古人不仅了解到一天中表影在正午最短，而且得出一年内夏至日的正午，烈日高照，表影最短；冬至日的正午，煦阳斜射，表影则最长。于是，古人就以正午时的表影长度来确定节气和一年的长度。譬如，

圭 表

连续两次测得表影的最长值，这两次最长值相隔的天数，就是一年的时间长度，难怪我国古人早就知道一年等于365天多的数值。

仪征铜圭表是中国现存最早的圭表。1965年在江苏仪征石碑村1号东汉墓出土。仪征铜圭表长34.5厘米，合汉制15尺，边缘上刻有尺寸单位；表高19.2厘米，合汉制8寸。圭、表间用枢轴连接，使之合为一体。使用时将表竖立与圭垂直；平时可将表折入圭体中留出的空档内，便于携带。根据传统的说法，表高为8尺，这一数值曾被长期沿用。该表的表高恰为8尺的1/10，说明它是一件便携式的测影仪器，可证明当时常设的天文台用8尺的表进行观测的说法是可信的。

在很多情况下，圭表测时的精度是与表的长度成正比的。元代杰出的天文学家郭守敬在周公测时的地方设计并建造了一座测景台。它由一座9.46米高的高台和从台体北壁凹槽里向北平铺的长长的建筑组成，这个高台相当于坚固的表，平铺台北地面的是"量天尺"，即石圭。这个硕大的"圭表"使测量精度大大提高。

史料证明，以圭表测时，一直延至明清，现在南京紫金山天文台的一具圭表，是明代正统年间（1437～1442）所造的。

远古时的人们，日出而作，日没而息，从太阳每天有规律地东升西落，直观地感觉到了太阳与时间的关系，开始以太阳在天空中的位置来确定时间，但这很难精确。据记载，3000年前，西周丞相周公旦在河南登封县设置过一种以测定日影长度来确定时间的仪器，称为圭表。这当为世界上最早的计时器。

此外，圭表还可以有多种用途。周秦时期，人们认为在同一日子里，南北两地的日影长短倘若差1寸，它们之间的距离大约有500千米。据说周王室裂地封侯的时候，用的就是这种办法。圭表还可以测定方向。在地上画许多个同心圆，将表竿竖立在圆心，当上下午表影顶点落在同一圆周上时，将这些对应点连接起来，它们的中点轨迹与圆心连线便是南北方向。在夜里，当视线通过表顶凝望北极时，这方向也即是南北方向。古人在搭建房舍、修造道路和营造宫殿的时候都要仔细地确定南北方向（即子午方向），《诗经》上说"揆之以日，作于楚室"。揆，揣度的意思。全句可以解释为，通过观测日影来决定营造楚国宫殿的方向。

QIGAIGUANGXUE

知识点

周公旦

周公旦，汉族（华夏）姓姬，名旦，氏号为周，爵位为公。西周政治家。因采邑在周，称为周公，因谥号为文，又称为周文公。出生年月不详，卒年不详，享年大约60多岁。文王之子，排行第四，亦称叔旦，史称周公旦。周武王之弟，亦称叔旦。武王死后，其子成王年幼，由他摄政当国。其兄弟管叔、蔡叔和霍叔等人勾结商纣子武庚和徐、奄等东方夷族反叛，史称三监之乱。他奉命出师，三年后平叛，并将国家势力扩展至东海。他后来建成周洛邑，称为"东都"。

延伸阅读

中国古代计时器

人类最早使用的计时仪器是利用太阳的射影长短和方向来判断时间的。前者称为圭表，用来测量日中时间、定四季和辨方位；后者称为日晷，用来测量时间。二者统称为太阳钟。

公元前1300年至公元前1027年，中国殷商时期的甲骨文，已有使用圭表的记载。《诗经·国风·定之方中》篇有，"定之方中，作于楚宫。揆之以日，作于楚室……"确切记载使用圭表的时间为公元前659年。

圭表等太阳钟在阴天或夜间就失去效用。为此人们又发明了漏壶和沙漏、油灯钟和蜡烛钟等计时仪器。

中国古代应用机械原理设计的计时器主要有两大类，一类利用流体力学计时，有刻漏和后来出现的沙漏；一类采用机械传动结构计时，有浑天仪、水运仪象台等。此外，还有应用天文原理（大都根据日影方向测定时间）计时的日晷，它也是中国最古老的计时器之一。

日晷及其用途

日晷是利用太阳投射的影子来测定时刻的装置，又称"日规"。是我国古代利用日影测得时刻的一种计时仪器。

世界上最早的日晷诞生于 6 000 年前的古巴比伦王国。中国最早文献记载是《隋书·天文志》中提到的袁充于隋开皇十四年（594）发明的短影平仪，即地平日晷。赤道日晷的明确记载初见于南宋曾敏行的《独醒杂志》卷二中提到的晷影图。

日晷通常由铜制的指针和石制的圆盘组成。铜制的指针叫做"晷针"，垂直地穿过圆盘中心，起着圭表中立竿的作用。因此，晷针又叫"表"，石制的圆盘叫做"晷面"，安放在石台上，呈南高北低，使晷面平行于天赤道面，这样，晷针的上端正好指向北天极，下端正好指向南天极。在晷的正反两面刻划出十二个大格，每个大格代表两个小时。当太阳光照在日晷上时，晷针的影子就会投向晷面，太阳由东向西移动，投向晷面的晷针影子也慢慢地由西向东移动。晷面的刻度是均匀的。于是，移动着的晷针影子好像是现代钟表的指针，晷面则是钟表的表面，以此来显示时刻。早晨，影子投向盘面西端的卯时附近。接着，日影在逐渐变短的同时，向北（下）方移动。当太阳达正南最高位置（上中天）时，针影位于正北（下）方，指示着当地的午时整时刻。午后，太阳西移，日影东斜，依次指向未、申、酉各个时辰。由于从春分到秋分期间，太阳总是在天赤道的北侧运行，因此，晷针的影子投向晷面上方；从秋分到春分期间，太阳在天赤道的南侧运行，因此，晷针的影子投向晷面的下方。所以在观察日晷时，首先要了解两个不同时期晷针的投影位置。

这种利用太阳光的投影来计时的方法是人类在天文计时领域的重大发明，这项发明被人类所用达几千年之久。然而，日晷有一个致命弱点是阴雨天和夜里是没法使用的，直至 1270 年在意大利和德国才出现早期的机械钟，而中国则在 1601 年明代万历皇帝才得到两架外国的自鸣钟，清代时虽有很多进口和自制的钟表，但都为王宫贵府所用，一般平民百姓还是看天晓时。所以彻底抛却日晷，看钟表知辰光还是近现代的事。

使用日影测时的日晷，无论是何种形式都有一根指时针，这根指时针与地平面的夹角必须与当地的地理纬度相同，并且正确地指向北极点，也就是都有一根与地球自转轴平行的指针。观察这根指针在指定区域内的投影，就能确定时间。现存常见的日晷有下列几种不同的形式：

（1）水平式日晷。是最常用的日晷，采用水平式的刻度盘，日晷轴的倾斜度，依使用地的纬度设定，刻度需要利用三角函数计算才能确定。适合低纬度的地区使用。

日 晷

（2）赤道式日晷。赤道式日晷是依照使用地的纬度，将轴（指时针）朝向北极固定，观察轴投影在垂直于轴的圆盘上的刻度来判断时间的装置。

盘上的刻度是等分的，夏季和冬季轴投影在圆盘上的影子会分在圆盘的北面和南面，适合中低纬度的地区使用。若将圆盘改为圆环则称为赤道式罗盘日晷。

（3）极地晷。供指时针投影的平面与指时针平行，即与地平面的夹角与地理纬度相同，并朝向正北。时间的刻画可以用简单的几何图来处理，投影的时间线是平行的线条。适合各种不同纬度的地区使用。

（4）南向垂直日晷。刻度盘面朝向正南且垂直地面的日晷。这种日晷较适合在中纬度（30°~60°）地区使用。

（5）东或西向垂直式日晷。刻度盘面朝向正东或正西且垂直地面的日晷。这种日晷只能在上半日（东向）或下半日（西向）使用，但全球各纬度地区都适用。

（6）侧向垂直式日晷。刻度盘面采用垂直方向的日晷。这一种日晷需要依照建筑物的墙面方向换算刻度，不容易制作。依季节及时间的不同，有时不会产生影子。南向与东西垂直日晷都可视为此形的特例。

（7）投影日晷。不设置指时针，仅在地平面依地理纬度的不同绘制不同扁率的椭圆，在其上刻画时间线，并将长轴指向正东西方向、南北方向的短轴上则需刻上日期，指示立竿测量时刻的正确位置。

在2008年北京奥运会开幕式上就上演了焰火点亮日晷这一激动人心的一幕：时钟接近20:00，焰火在"鸟巢"上空绽放，突然，一道耀眼的焰火在体育场上方滚动，激活古老的日晷。日晷将光芒反射到2008面缶组成的缶阵上，和着击打声，方阵显示倒计时秒数。缶面上连续闪出巨大的9、8、7、6、5、4、3、2、1……

场面之震撼，令人终生难忘。

知识点

古巴比伦王国

　　巴比伦最初不过是幼发拉底河边的一个不知名的小城市。在公元前2200年左右，来自叙利亚草原的闪族人的一支——阿摩利人攻占了这座小城，建立了国家。骁勇善战，争强尚武的阿摩利人以此为中心，南征北讨，四处征战，最终建立了一个强大的巴比伦王国，历史上称之为"古巴比伦王国"。阿摩利人也因此被称为巴比伦人。巴比伦人继承了苏美尔人和阿卡德人的文明成果，并发扬光大，把美索不达米亚文明发展到了顶峰。人们喜欢用"巴比伦"三个字来概括古代两河流域文明，足以表明巴比伦文明所创造的辉煌业绩和对世人所具有的魅力。

　　汉谟拉比是古巴比伦最杰出的国王，汉谟拉比制定了一部法典，史称汉谟拉比法典。它是世界上现存的古代第一部比较完备的成文法典。

延伸阅读

十二时辰

　　子时：夜半，又名子夜、中夜，十二时辰的第一个时辰（北京时间23时至次日1时）。

　　丑时：鸡鸣，又名荒鸡，十二时辰的第二个时辰（北京时间1时至3时）。

寅时：平旦，又称黎明、早晨、日旦等，寅时是夜与日的交替之际（北京时间3时至5时）。

卯时：日出，又名日始、破晓、旭日等，指太阳刚刚露脸，冉冉初升的那段时间（北京时间5时至7时）。

辰时：食时，又名早食等，古人"朝食"之时也就是吃早饭时间（北京时间7时至9时）。

巳时：隅中，又名日禺等，临近中午的时候称为隅中（北京时间9时至11时）。

午时：日中，又名日正、中午等（北京时间11时至13时）。

未时：日昳，又名日跌、日央等，太阳偏西为日跌（北京时间13时至15时）。

申时：哺时，又名日铺、夕食等（北京时间15时至17时）。

酉时：日入，又名日落、日沉、傍晚，意为太阳落山的时候（北京时间17时至19时）。

戌时：黄昏，又名日夕、日暮、日晚等，此时太阳已经落山，天将黑未黑。天地昏黄，万物朦胧，故称黄昏（北京时间19时至21时）。

亥时：人定，又名定昏等，此时夜色已深，人们也已经停止活动，安歇睡眠了。人定也就是人静（北京时间21时至23时）。

中国古代透镜之争

在镜子的家族里，除了面镜之外，还有透镜。那么，在古代我国有没有透镜呢？对这个问题有两种不同的说法。

早在我国古代便已存在的琉璃，被猜疑是制作透镜相当好的材料。

有人认为我国古时候没有玻璃和与玻璃相当的透明材料，所以不可能有透镜。这种观点遭到了一些专家反对。根据东汉王充在《论衡》一书中的记载："消炼五石，铸以为器，磨砺生光，仰以向日，则火来。"吕子方教授认为，这里说的五石指的是黏土、长石、矽砂、石灰石和白云石，这5种石头放在一起烧炼就可以造玻璃，再磨砺加工就可以造出能会聚阳光的凸透镜来。当然这样的说法只能算是一家之言。然而即使没有玻璃，我国古代还有一种透明度相当好的材料，叫硫璃，未尝不能用来制作透镜。我国在唐代，西南边疆的贸易

琉璃制品

很兴旺，南亚诸国盛产的透明度很高的火珠也通过南方丝绸之路传入我国。据《旧唐书》记载，这种火珠"大如鸡卵，圆白皎洁，光明数尺，正午向日即火来"。我国五代的时候，道教学者谭峭隐居在嵩山，从事辟谷养气和炼丹之术。他有本著作名为《谭子化书》，书中提到当时常用四镜："圭、珠、砥、盂。"科技史专家认为这4种镜子就是类型不同的凸透镜和凹透镜。

值得一提的是，早在公元前2世纪，我国就有人用冰来做透镜，即将冰块削磨成凸透镜，对准太阳使阳光折射会聚，再将艾绒放在焦点上，艾绒就会燃烧起来。这种奇妙的取火方式说明古人对凸透镜能会聚阳光的特性是很熟悉的。

▶▶ 知识点

王充

王充（27～约97），字仲任，会稽上虞人（今属绍兴），他的祖先从魏郡元城迁徙到会稽。王充年少时就成了孤儿，乡里人都称赞他孝顺。后来到京城，到太学（中央最高学府）里学习，拜扶风（地名）人班彪为师。《论衡》是王充的代表作品，也是中国历史上一部不朽的无神论著作。

QIGAIGUANGXUE

延伸阅读

透镜成像原理

透镜是组成显微镜光学系统的最基本的光学元件，物镜、目镜及聚光镜等部件均由单个和多个透镜组成。依其外形的不同，可分为凸透镜（正透镜）和凹透镜（负透镜）两大类。

当一束平行于主光轴的光线通过凸透镜后相交于一点，这个点称"焦点"，通过焦点并垂直光轴的平面，称"焦平面"。焦点有两个，在物方空间的焦点，称"物方焦点"，该处的焦平面，称"物方焦平面"；反之，在像方空间的焦点，称"像方焦点"，该处的焦平面，称"像方焦平面"。

光线通过凹透镜后，成正立虚像，而凸透镜则成倒立实像。实像可在屏幕上显现出来，而虚像不能。

X 射线的发现

1895 年 11 月 8 日星期五的晚上，德国慕尼黑伍尔茨堡大学的整个校园都沉浸在一片静悄悄的气氛当中，大家都回家度周末了。但是还有一个房间依然亮着灯光。灯光下，一位年过半百的学者凝视着一叠灰黑色的照相底片在发呆，仿佛陷入了深深的沉思。

他在思索什么呢？原来，这位学者以前做过一次放电实验。为了确保实验的精确性，他事先用锡纸和硬纸板把各种实验器材都包裹得严严实实，并且用一个没有安装铝窗的阴极管让阴极射线透出。可是现在，他却惊奇地发现，对着阴极射线发射的一块涂有氰亚铂酸钡的屏幕发出了光。而放电管旁边这叠原本严密封闭的底片，现在也变成了灰黑色，事实说明它们已经曝光了！

这个一般人很快就会忽略的现象，却引起了这位学者的注意，使他产生了浓厚的兴趣。他想：底片的变化，恰恰说明放电管放出了一种穿透力极强的新射线，它甚至能够穿透装底片的袋子！一定要好好研究一下。不过，既然目前还不知道它是什么射线，那就取名"X 射线"吧。

27

于是，这位学者开始了对这种神秘的 X 射线的研究，这位学者便是伦琴。

伦琴先把一个涂有磷光物质的屏幕放在放电管附近，结果发现屏幕马上发出了亮光。接着，他尝试着拿一些平时不透光的物体，比如书本、橡皮板和木板，放到放电管和屏幕之间去挡那束看不见的神秘射线，可是谁也不能把它挡住，在屏幕上几乎看不到任何阴影，它甚至能够轻而易举地穿透 15 毫米厚的铝板！直到他把一块厚厚的金属板放在放电管与屏幕之间，屏幕上才出现了金属板的阴影——看来这种射线还是没有能力穿透太厚的物质。实验还发现，只有铅板和铂板才能使屏幕不发光。当阴极管被接通时，放在旁边的照相底片也被感光，即使用厚厚的黑纸将底片包起来也无济于事。

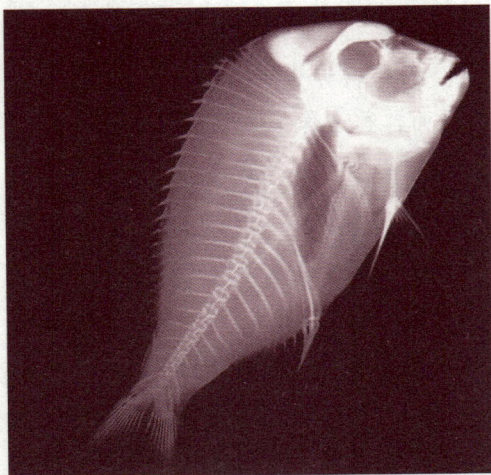

被 X 射线照射过的鱼

接下来更为神奇的现象发生了。一天晚上伦琴很晚也没回家，他的妻子来实验室看他，于是他的妻子便成了在那不明辐射作用下在照相底片上留下痕迹的第一人。伦琴在拍摄他的第一张 X 射线片，要求他的妻子用手捂住照相底片。当显影后，夫妻俩在底片上看见了手指骨头和结婚戒指的影像。

这一发现对于医学的价值可是十分重要的，它就像给了人们一副可以看穿肌肤的"眼镜"，能够使医生的"目光"穿透人的皮肉透视人的骨骼，清楚地观察到活体内的各种生理和病理现象。根据这一原理，后来人们发明了 X 射线机，X 射线已经成为现代医学中一个不可缺少的武器。当人们不慎摔伤之后，为了检查是不是骨折了，不是总要先到医院去"照一个片子"吗？这就是在用 X 射线照相啊！

伦琴虽然发现了 X 射线，但当时的人们，包括他本人在内，都不知道这种射线究竟是什么东西。直到 20 世纪初，人们才知道 X 射线实质上是一种比光波更短的电磁波。人们为了纪念伦琴，将 X 射线命名为伦琴射线。

知识点

曝　光

　　曝光，英文名称exposure，曝光模式即计算机采用自然光源的模式，通常分为多种，包括：快门优先、光圈优先、手动曝光、AE锁等模式。照片的好坏与曝光有关，也就是说应该通多少的光线使CCD能够得到清晰的图像。曝光量与通光时间（快门速度），通光面具（光圈大小）决定。

延伸阅读

射线分类

　　1. 按照辐射分类

　　如果被靶阻挡的电子的能量，不越过一定限度时，只发射连续光谱的辐射。这种辐射叫做轫致辐射，连续光谱的性质和靶材料无关。

　　一种不连续的，只有几条特殊的线状光谱，这种发射线状光谱的辐射叫做特征辐射，特征光谱和靶材料有关。

　　2. 按照波长分类

　　X射线波长略大于0.5纳米的被称作软X射线。波长短于0.1纳米的叫做硬X射线。硬X射线与波长长的（低能量）伽马射线范围重叠，二者的区别在于辐射源，而不是波长：X射线光子产生于高能电子加速，伽马射线则来源于原子核衰变。

望远镜诞生史

　　1623年，近代科学的奠基者伽利略，曾对望远镜的发明作过很客观的分析。伽利略说："我们可以肯定，望远镜的第一个发明者只是一个制造眼镜的人。他有各种各样的眼镜，偶然在不同远近的地方透过凹镜和凸镜两种镜片观看，见到并注意到了出乎意料的结果。这样就发现了这一用具。"在众多的记录中以荷兰米德尔堡眼镜商汉斯·利珀希最为出名：1600 年的一天，他的两个孩子在店里玩耍，无意中把两片透镜叠在一起，并用它观看远处教堂的风标。突然，他的儿子兴奋地喊："爸，快来看啊！""你看见什么了？""我看见了教堂塔顶上的风标。""胡说，教堂离我们那么远，你一定是搞错了。""不信，你自己来瞧吧。"正是这次偶然的机遇，目不识丁的汉斯一下成了位发明家。1608 年 10 月 2 日，荷兰议会收到了汉斯·利珀希提出的专利申请。当时荷兰正与西班牙政府支持的雇佣军开战。独立军指挥莫里斯亲王登上亲王府内苑的一座塔，用望远镜鸟瞰全城，连声说好，并称赞它说："它可能对荷兰有用。"然而汉斯·利珀希并未因此交好运。望远镜的构造比较简单，立即有人仿造，并宣称自己才是真正的发明者。在混乱的战争状态下，荷兰政府拒绝了他的专利申请。

望远镜

不久，法国驻海牙大使为亨利四世购买了一架望远镜。从此，在米兰、威尼斯、帕多瓦等地都出现了叫做"荷兰柱"、"透视镜"或"圆柱"的望远镜。

1611 年德国人开普勒，这位以发现行星三大运动定律而名扬天下的天文学家，为了观察天体的运行，在望远镜的研制上也下了一番功夫。他创制的望远镜称为开普勒望远镜，由两片凸透镜——物镜和目镜组成。物镜的焦距长而目镜的焦距短。开普勒望远镜的工作原理是：由于被观察的天体相当远，它发出的光线以平行光进入物镜，穿过物镜后，在物镜焦点外很近的地方形成天体倒立缩小的实像。由于物镜的焦点与目镜的交点重合，这样物镜得到天体的实像恰好落在目镜的焦距内，物镜的像就成为目镜的"物"，这个"物"在目镜的焦距内。当观察者对着目镜观察时，进入眼睛的光线就好像是直接从放大的虚像上发出来的。虚像的视角大于直接用眼观察天体的视角，因此从望远镜中看到的天体，使人觉得天体移近了，变得清晰可见了。

知识点

凸 透 镜

凸透镜是根据光的折射原理制成的。凸透镜是中央较厚，边缘较薄的透镜。凸透镜分为双凸、平凸和凹凸（或正弯月形）等形式，凸透镜有会聚作用故又称聚光透镜，较厚的凸透镜则有望远、会聚等作用，这与透镜的厚度有关。

延伸阅读

哈勃空间望远镜

哈勃空间望远镜是人类第一座太空望远镜，总长度超过 13 米，质量为 11 吨多，运行在地球大气层外缘离地面约 600 千米的轨道上。它大约每 100 分钟环绕地球一周。哈勃望远镜是由美国国家航空航天局和欧洲航天局合作，于 1990 年发射入轨的。哈勃望远镜是以天文学家爱德文·哈勃的名字命名的。按计划，它将在 2013 年被詹姆斯韦伯太空望远镜所取代。哈勃望远镜的角分辨率达到小于 0.1 秒，每天可以获取 3～5G 字节的数据。

由于运行在外层空间，哈勃望远镜获得的图像不受大气层扰动折射的影响，并且可以获得通常被大气层吸收的红外光谱的图像。

哈勃望远镜的数据由太空望远镜研究所的天文学家和科学家分析处理。该研究所属于位于美国马里兰州巴尔的摩市的约翰霍普金斯大学。

最早的显微镜

在望远镜问世的同时，另一种重要的光学仪器——显微镜也诞生了。它也

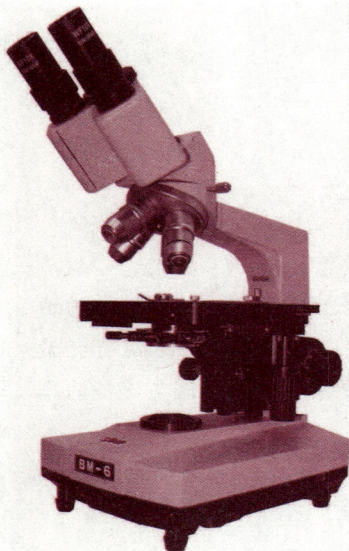

先进的显微镜

是偶然发明的。可以想象，有了望远镜的人很自然地会试用它来放大近旁的物体。伽利略本人也尝试自己制作显微镜。有一天，他告诉一位朋友说："我用这个管子（望远镜）看到的苍蝇有羊羔那么大。全身是毛，并且有很尖的爪子"。大约在 1625 年，博物学家约翰·法贝尔给这种装置定名为显微镜。

在显微镜的发明史上，最著名的人物是大科学家列文虎克和市政府的看门人列文虎克。在市政府里当看门人的列文虎克觉得整天无所事事，十分无聊。"总得干点什么吧。"他想。一天，他记起自己在布店学徒时，老板送了他一块放大镜，可惜表面有缺。他决定重新磨一块，从此一发便不可收，磨镜成了他的嗜好，简直到了痴迷的程度。他黎明即起，把一块玻璃放在油石上，认真地磨来磨去。只要没有人来找他，他可以从日出干到日落。这样他一直干了 40 年。他的房间里成为当时世界上最齐、最好的透镜库。他磨的镜片都很小，有的甚至不比针尖大多少。他通常把磨好的镜片嵌在两片带孔的铜片之间，通过铜片铆固使镜片固定。他磨制的镜片的放大倍数在 50～300 之间，他的显微镜实际上是一种放大镜，也称为单式显微镜。

显微镜和望远镜的发明大大拓宽了人的视野，它们的制作又促进了人们研究光学理论的兴趣。近代光学差不多从那时候（17 世纪）开始发展起来了。

▶▶ 知识点 ▶▶▶▶▶

列文虎克

列文虎克，荷兰显微镜学家、微生物学的开拓者，生卒均于代尔夫特。幼年没有受过正规教育。1648 年到阿姆斯特丹一家布店当学徒。20 岁时回代尔夫特自营绸布。中年以后被代尔夫特市长指派做市政事务工作。这种工作收入不少且很轻松，使他有较充裕的时间从事他自幼就喜爱的磨透镜工作，并用之观察自然界的细微物体。由于勤奋及本人特有的天赋，他磨制的透镜远远超过同时代人。他的放大透镜以及简单的显微镜形式很多，透镜的材料有玻璃、宝石、钻石等。其一生磨制了 400 多个透镜，有一架简单的透镜，其放大率竟达 270 倍。

延伸阅读

超声波显微镜

超声波扫描显微镜的特点在于能够精确地反映出声波和微小样品的弹性介质之间的相互作用，并对从样品内部反馈回来的信号进行分析。图像上的每一个像素对应着从样品内某一特定深度的一个二维空间坐标点上的信号反馈，具有良好聚焦功能的传感器同时能够发射和接收声波信号。一副完整的图像就是这样逐点逐行对样品扫描而成的。反射回来的超声波被附加了一个正的或负的振幅，这样就可以用信号传输的时间反映样品的深度。用户屏幕上的数字波形展示出接收到的反馈信息。设置相应的门电路，用这种定量的时间差测量（反馈时间显示），就可以选择您所要观察的样品深度。

测量光速第一人

最早测量光速的人是意大利科学家伽利略。他让两个人站在相隔一段距离的山头上，第一个人打开自己的灯，同时开动钟，等另一个山头的人看到灯光后立刻打开自己的灯，当这盏灯光传到第一个人处时，他立即停掉钟，用两倍山头之间的距离去除以所花的时间，这样就可算出光的传播速度了。这个办法好像挺有道理，只是光速太快了，快到我们来不及扳动开关，所以伽利略的光速测量失败了。

伽利略实验以后，过了 50 年，丹麦的天文学家罗默在 1676 年通过对木星

木 星

历时 12 个月的观测，测量了光速。他假定，光和声音一样，有固定的传播速度。已知木星的卫星以一定的速度绕木星旋转，其中的一个转一周要用 42.5 小时，换句话说，每隔 42.5 小时，它将发生"月食"，也就是它被木星挡住了而看不见。他算出了全年的"月食"时间表。第一次观测是在 6 月份，当时木星距地球最近。随后他又在 12 月进行观测，这时木星距地球最远。12 月份木星"月食"所经历的时间比 6 月份延长了 1 000 秒，也就是说 12 月份实测"月食"的时间比预订时间推迟了 1 000 秒。罗默知道地球公转轨道的直径是 3 亿千米。他解释这 1 000 秒是光穿过地球与木星间增大的距离 3 亿千米所经历的时间，或者说光每秒走 30 万千米。如果光能弯曲的话，以这种速度，光每秒可绕地球七圈半。

知识点

木 星

木星，为太阳系八大行星之一，距太阳（由近及远）顺序为第五，亦为太阳系体积最大、自转最快的行星。木星主要由氢和氦组成，中心温度估计高达 30 500℃。古代中国称之岁星，取其绕行天球一周为 12 年，与地支相同之故。西方语言一般称之朱比特（拉丁语：Jupiter），源自罗马神话中的众神之王，相当于希腊神话中的宙斯。

延伸阅读

地球公转周期

地球绕太阳公转一周所需要的时间，就是地球公转周期。笼统地说，地球公转周期是一"年"。因为太阳周年视运动的周期与地球公转周期是相同的，所以地球公转的周期可以用太阳周年视运动来测得。地球上的观测者，观测到太阳在黄道上连续经过某一点的时间间隔，就是一"年"。由于所选取的参考点不同，则"年"的长度也不同。常用的周期单位有恒星年、回归年和近点年。

地球公转的恒星周期就是恒星年。这个周期单位是以恒星为参考点而得到的。在一个恒星年期间，从太阳中心上看，地球中心从以恒星为背景的某一点出发，环绕太阳运行一周，然后回到天空中的同一点；从地球中心上看，太阳中心从黄道上某点出发，这一点相对于恒星是固定的，运行一周，然后回到黄道上的同一点。因此，从地心天球的角度来讲，一个恒星年的长度就是视太阳中心，在黄道上，连续两次通过同一恒星的时间间隔。

微粒与波的争议

17 世纪，以牛顿为首的学者认为：光是由一颗颗像小弹丸一样的机械微粒所组成的粒子流，发光物体接连不断地向周围空间发射高速直线飞行的光粒子流，一旦这些光粒子进入人的眼睛，冲击视网膜，就引起了视觉，这就是光的微粒说。牛顿用微粒说轻而易举地解释了光的直进、反射和折射现象。由于微粒说通俗易懂，又能解释常见的一些光学现象，所以很快获得了人们的承认和支持。

19 世纪，光的干涉、衍射、偏振等实验证明了光是一种波，麦克斯韦又提出了光是一种电磁波的理论，更完善了光的波动学说。

20 世纪，人们对光到底是"粒子"还是"波"的问题进行了很长时间的探讨。最后统一了认识，光和所有其他微观粒子一样具有粒子性和波动性的两重性，光是一种波长很短的电磁波。而后来爱因斯坦的光子学说很好地解释了光电效应现象，从而确立了光的微粒性的牢固地位。如今，人们认识到：光是由叫做光子的微粒组成的，同时具有波动的性质——波粒二象性。

经过长期的探索，人们对光的认识越来越深入了，而且从发现光的波粒二象性起，人们已开始主动地去探索微观世界的奥秘。

知识点

麦克斯韦

詹姆斯·克拉克·麦克斯韦（1831～1879），英国物理学家、数学家。科学史上，称牛顿把天上和地上的运动规律统一起来，是实现第一次大综合，麦克斯韦把电、光统一起来，是实现第二次大综合，因此应与牛顿齐名。1873年出版的《论电和磁》，也被尊为继牛顿《自然哲学的数学原理》之后的一部最重要的物理学经典。没有电磁学就没有现代电工学，也就不可能有现代文明。

延伸阅读

微粒的危害

20世纪50年代，众多学者报告了输液中微粒的危害，并对微粒在人体内的发病机制作了初步探讨。以后几十年的研究结果一再证实，输液造成的临床反应是由于向血管输注药液的同时，输入了有害微粒。

20世纪的60～70年代，微粒造成临床危害的现象，已被先进国家医药界普遍接受。研究人员为其定出正式名称——不容性微粒。这些在生产或操作过程中从各种途径进入药液的，直径在2～50微米之间，肉眼看不见、会移动、不能在体内代谢的有害微粒进入血管会导致急性、亚急性、慢性输液污染病。

对不同的情况来讲，输液不良反应可分为近期和远期。近期反应是立竿见影的，输液时大量微粒进入血管，一些人会在输液时或输液后，出现过敏反应、红疹、瘙痒、肿胀；有的堵塞微循环发生肌细胞坏死；或出现热源样反应；常解释成药物刺激而被视为正常现象。远期反应：过敏症状在几天后才出现，也常被认为是其他疾病。还有潜藏在血管里的微粒，使人几年或几十年后才出现中风、栓塞等疾病，它们都是输液污染病。

目前我们对橡胶微粒、塑料微粒、玻璃碎屑、结晶体、纤维素、毛絮、尘埃微粒、碳黑和中草药大量的胶体微粒有了较多的认识。还有一些临床常用的脂肪乳溶液，在输液后使患者肢体出现静脉炎的现象比例相当高，原因是脂肪乳溶液中"脂肪栓微粒"刺激血管产生的输液反应。

著名的光学实验

在浙江省衢县境内，有座鸡鸣山。山高 400 米，周长约 8 千米。宋末元初的时候，山里有人在这里筑建了几间草屋，每天夜晚可以看到住在草屋里的那位道长站在土墩上观察天象。他就是隐居在此的赵友钦。赵友钦每天都起得很早，起身后他总要先跑到屋前的一座山峰上做一番吐故纳新的气功，然后再沿着小路走回来。回家的时候，太阳早已升起，阳光转过茂密的树叶，在一些断垣石壁上留下一个个圆形的光斑。赵友钦奇怪：树叶的间隙，有圆形、方形、三角形、多边形，而石壁上留下的光斑却都是圆形。有一天赵友钦在回家途中看到了一个奇迹：石壁上的光斑全部都变成了一个个小小的月牙形。他马上想起今天恰好是日食，太阳被月亮遮去了一部分，呈月牙形。原来石壁上的光斑只与光源的形状有关，与透光孔的形状无关。光斑是太阳的像。经历了这次日食，赵友钦欣喜不已，决心要用实验把这个问题弄个水落石出。他经过深思熟虑，设计出一套

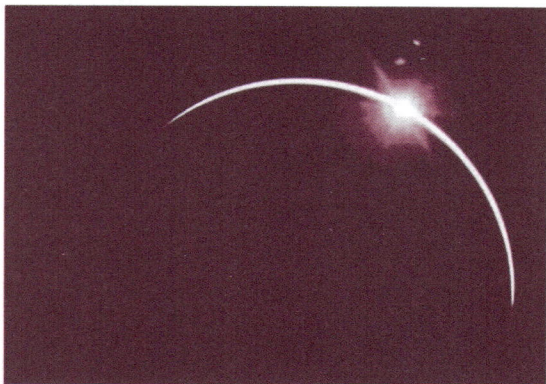

日　食

实验方案来。赵友钦先让仆人找工匠在一片空旷地上造起一间木屋。这是一座二层楼的木房，在楼下相邻的两间屋子里各挖了一口圆形的旱井，井的直径都是 4 尺（1 尺 = 1/3 米），深度分别是 8 尺和 4 尺，井口都放着直径 5 尺的盖板，作为针孔成像的暗室。他在左右两口井的盖板上分别挖去了边长为 1 寸（合 1/30 米）和 1.5 寸的正方形，作为小孔。再在左井里放一张 4 尺高的圆桌，使桌面与右井底相平。然后他在左井圆桌上和右井底上各放一块直径 4 尺的圆板，圆板上都插着 1 000 支蜡烛，来模拟日月。当他把盖板盖上时，投在左右两室楼板上的像都是圆形的，并不是方形的，而且大小相同。只不过由于右井盖板上的孔大一些，射出来的光较多，形成了较亮的像。接着，他又模拟日月食的时候。日月在通过针孔，成的像的形状会随着面相而变化：熄灭右井圆板上东半边的 500 支蜡烛，楼板上映出的像就缺了西半边。这样就证明了，物体通过针孔成的像，它的形状与小孔的形状无关，只取决于原物的形状，并且是上下左右颠倒的。然后，他又在左右两室楼板下各悬挂一块活动的木板，重复上述实验，发现投在活动木板下的像比投在楼板下的像小而亮。撤去左井里的圆桌，把插着蜡烛的圆板直接放在井底，像也变小。这样他又得出了物体离针孔越远或屏幕离针孔越近，屏幕上的像就越小。后来，他还用实验证实了，当针孔的尺寸放大到一定的程度时，针孔成像的光学现象就会随之消失。这就是著名的"小罅光景"光学实验。

赵友钦在他的著作《革象新书》中得出如下的结论，译成白话即："小孔成像时生成的像与光源的形状相同，在大孔的情况下所成的像（光斑）与大孔的形状相似。"赵友钦的实验构思巧妙，规模宏大，在当时世界上实属首创。因此有人称赞他是 13 世纪卓越的实验物理学家。

▶▶ 知识点 ▶▶▶▶▶

气 功

气功是一种以呼吸的调整、身体活动的调整和意识的调整（调息，调形，调心）为手段，以强身健体、防病治病、健身延年、开发潜能为目的的一种身心锻炼方法。气功的种类繁多，主要可分为动功和静功。动功是指以身体的活动为主的气功，如导引派以动功为主，特点是强调与意气相结合的肢体操作。而静功是指身体不动，只靠意识、呼吸的自我控制来进行的气功。大多气功方法是动静相间的。宗教中，道教的道士常会练习导引、内丹术气功，佛教里的禅定、静坐也包含气功。气功常配合武术或静坐一起练习。练针灸的中医也常透过练习气功来增进疗效。

延伸阅读

光学变焦

　　光学变焦镜头的另一个重点在变焦能力，所谓的变焦能力包括光学变焦与数码变焦两种。两者虽然都有有助于望远拍摄时放大远方物体的功能，但是只有光学变焦可以支持图像主体成像后，增加更多的像素，让主体不但变大，同时也相对更清晰。通常变焦倍数大者更适合用于望远拍摄。光学变焦同传统相机设计一样，取决于镜头的焦距，所以分辨率及画质不会改变。数码变焦只能将原先的图像尺寸裁小，让图像在 LCD 屏幕上变得比较大，但并不会有助于使细节更清晰。因此购买数码相机时，我们往往建议大家留意光学变焦的倍数。目前中端相机普遍都有 3 倍左右的光学变焦，不过也有具超长变焦功能的产品，例如 10 倍光学变焦的机种。

自然界中的光
ZIRANJIE ZHONG DE GUANG

　　自然界中的光是天然存在的，不是人为因素产生的光。但是自然界中的光会受到各种情况的影响，而且不同的光之间的区别也是非常大的。总的来说，自然界中的光源是太阳，然而它会在一天不同的时间中和不同的天气下呈现不同的特征，比如光源可能会从硬光和温暖的变为柔光和清凉的，所以，自然界中存在的光有许多可变性。

日食及其拍摄

　　2009 年 7 月 22 日我国出现了 500 年一遇的日全食奇观。此次日全食是自 1614 年至 2009 年的近 500 年间，在我国境内全食持续时间最长的一次，最长时间超过 6 分钟。同时，这也是世界历史上覆盖人口最多的一次日全食。

　　日食是相当罕见的现象，在 4 种日食中较罕见的是日全食，因为唯有在月球的本影投影在地球表面时，在该区域的人才能够观测到日食。日全食是一种相当壮丽的自然景象，所以时常吸引许多游客特地到海外去观赏日全食的景象。例如，1999 年发生在欧洲的日全食，吸引了非常多观光客特地前去观赏，也有旅行社推出专门为这些游客设计的行程。

那么，作为一种天文现象的日食是怎么形成的呢？古时，人类缺乏天文学知识，以为日食是天狗吃了太阳，或象征灾难的降临，而在日食时举行仪式。但在现代社会中，日食的这层意义已逐渐为人们所抛弃。

科学上的解释是，日食只在月球运行至太阳与地球之间时发生。这时，对地球上的部分地区来说，月球位于地球前方，因此来自太阳的部分或全部光线被挡住，所以，看起来好像是太阳的一部分或全部消失了，日食由此而来。

上一次发生在中国的日全食发生于 2009 年 7 月 22 日，而下一次预计将于 2035 年 9 月 2 日在我国北方发生，时长 1 分 29 秒。

在日食出现的时候，我们通常会拿相机将这一幕以图片或者录像的方式记录下来，但是在拍摄的过程中还要注意一些事项，以下几点，供大家参考。

1. 提前进行周密的规划。比如用什么相机、镜头或望远镜，用什么拍摄方式，要拍到什么效果，拍到照片后除了欣赏外还会不会有别的什么应用等等。

2. 提前进行实际演练。如果有条件，提前几天来到实际观测地，在日食发生的同样时间将观

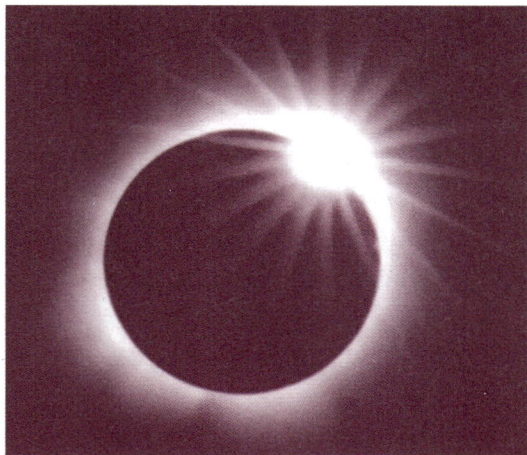

漂亮的日食

测流程从头到尾走一遍，包括组装望远镜、找太阳、连接相机、拍照、摘掉滤光片拍照（此时不可对着太阳）、再盖上滤光片拍照、换存储卡、换电池等，这样就会减少突发情况的发生，以便取得最佳的拍摄效果。如果没条件到观测现场也没关系，在任何一个地方演练都可以，只要找恰当的时间让当时太阳高度和日食时差不多即可。

3. 实际观测时，在全食或者环食阶段找一个人专门负责报时。因为这个阶段持续时间本来就很短，而人在这个时候紧张而忙碌，往往察觉不到时间的流逝。而当有人专门报时时，其他观测者就能对时间做到心中有数，以便更好地安排自己的观测。

在这里还要再次强调，在面对最壮观的日全食时，全食阶段一定不要忘记

摘掉滤光片！当全食阶段即将到来时，人们的心情可能也会越来越紧张，生怕错过什么精彩的镜头，于是只顾一通狂拍，等到发现什么都没拍下来而意识到忘了摘滤光片时可能已经晚了。

在用摄像机拍摄日全食的过程中，千万不要用肉眼或任何光学设备（如望远镜等）直视太阳；也不能用相机直接拍摄（必须加有专用滤光镜），以防损伤眼睛和相机。

知识点

复活节岛

复活节岛是南太平洋中的一个岛屿，当地的语言称拉帕努伊岛，位于智利以西外海 3 000 千米以外。复活节岛是世界上最与世隔绝的岛屿之一，离其最近有人定居的皮特凯恩群岛也有 2 000 多千米距离。该岛形状近似呈一三角形，由 3 座火山组成，与胡安·费尔南德斯群岛并为智利在南太平洋的两个属地。复活节岛以数百尊充满神秘的巨型石像闻名于世。

延伸阅读

日食的价值

日全食之所以受重视，更主要的原因是它的天文观测价值巨大。科学史上有许多重大的天文学和物理学发现是利用日全食的机会做出的，而且只有通过这种机会才行。最著名的例子是 1919 年的一次日全食，证实了爱因斯坦广义相对论的正确性。爱因斯坦 1915 年发表了在当时看来是极其难懂、也极其难以置信的广义相对论，这种理论预言光线在巨大的引力场中会弯曲。人类能接触到的最强的引力场就是太阳，可是太阳本身发出很强的光，远处的微弱星光在经过太阳附近时是不是弯曲了，根本看不出来。但如果发生日全食，挡住太阳光，就可以测量出来光线弯没弯曲、弯曲多大的等。机会在 1919 年出现了，但日全食带在南大西洋上，很遥远，也很艰苦。英国天文学家爱丁顿带着一支热情和好奇心极强的观测队出发了。观测结果与爱因斯坦事先计算的结果十分吻合，从此相对论得到世人的承认。

天空为什么是蓝色的

"蓝蓝的天上白云飘"是一支动听的民歌。在晴朗的日子里，天空的背景为什么总是蓝色的呢？从前，人们认为空气是蓝色的，以此解释为什么天空是蓝色的。以后发展了许多其他关于天空颜色的理论，但都没有被人接受。科学家们不断探索，终于通过研究烟囱冒烟的现象找到了答案。

原来这和光的散射有关。我们知道，光在媒质中传播时，有部分偏离原传播方向的现象叫光的散射。由于大气分子的无规则热运动，气体密度的起伏和其他因素的影响，因波长较短的蓝光容易被散射，所以晴朗的天空是蓝色的。

太阳光在通过大气层的时候要发生散射，散射光的强度与波长的关系是：波长越短的光，被散射得越多。如波长较短的蓝光和紫光比红光受到的散射要强 10 多倍。因此，天空布满了被散射的蓝光和紫光。人们看到天空的颜色正是这些被散射的光，所以天空是蓝色的。日出、日落时阳光经过的路程比中午长，蓝光和紫光

蓝蓝的天空

被散射多，而红光被保留的多。所以，早、晚的太阳和彩霞要红一些。

QIGAIGUANGXUE

知识点

大气层

　　大气层又叫大气圈，地球就被这一层很厚的大气层包围着。大气层的成分主要有氮气，占 78.1%；氧气占 20.9%；氢气占 0.93%；还有少量的二氧化碳、稀有气体和水蒸气。大气层的空气密度随高度而减小，越高空气越稀薄。大气层的厚度大约在 1 000 千米以上，但没有明显的界限。整个大气层随高度不同表现出不同的特点，分为对流层、平流层、中间层、暖层和散逸层，再上面就是星际空间了。

延伸阅读

启明星

　　天亮前后，东方地平线上有时会看到一颗特别明亮的"晨星"，它不是光源，人们叫它"启明星"；而在黄昏时分，西方余晖中有时会出现一颗非常明亮的"昏星"，人们叫它"长庚星"。这两颗星其实是一颗，即金星。在中国民间称它为"太白"或"太白金星"，是每天晚上出来的第一颗星。

充满诗意的彩虹

　　"赤、橙、黄、绿、青、蓝、紫，谁持彩链当空舞。"这是毛主席著名的诗句。雨后的天空为什么会出现一条七色的彩虹呢？有人说这是天空中的彩桥，有仙人踏空而过。欧洲的神话把它说成是光明神古沙赫的宝弓。

　　科学家给出的解释是：夏天雨后天空中悬浮着很多极小的水滴，当阳光从一定的角度射向小水滴，经过折射、全反射、再折射到空气中的时候，原先白色的阳光就被分散成七色光，它们在天空背景上形成彩色的圆弧，外侧呈现红色，内侧则是紫色，这就是虹。有的时候，在虹的外侧会有另一条彩色圆弧，色彩比虹淡一些，颜色排列与虹恰好相反，内侧是红色，外侧呈现紫色，这个彩色圆弧叫做霓，又叫做副虹，它是太阳光射入水滴，经过折射、两次全反射，再折射出水滴后形成的。

科学家牛顿也曾对虹做出了科学的解释，他把"不同颜色光线具有不同的折射本领"的观点，应用于解释虹的成因。他认为虹是云中或落下的微小水滴反射阳光的缘故。太阳光发出的白光射到水滴上，光线进入水滴发生折射，在水滴中再发生全反射，在出水滴的时候又发生第二次折射。由于不同颜色的光折射程度不同，它们在离开水滴后被散开呈扇形，观察者如果背向太阳，就能看到虹的出现。

可是在有的时候，尽管空气中常有雾珠水汽，但我们却并不能到处看到彩虹，这是为什么呢？

这里很重要的一点是，只有在适当位置上的水滴，从它折射出来的光线才能同时进入我们的眼帘，这个位置是从它射来的光线与地平线所夹的角度为42°。当然，虹的现象也不是很难见的，池边的人工喷泉，在阳光照耀下，也可出现彩虹。

当阳光穿过雨林中的小水滴时，被散射成不同的波段，也会形成照片中所示的七彩光环。彩虹是因为阳光射到空中接近圆型的小水滴，造成色散及反射而成的。阳光射入水滴时会同时以不同角度入射，在水滴内亦以

彩　虹

不同的角度反射。其中以40°～42°的反射最为强烈，造成我们所见到的彩虹。其实只要空气中有水滴，而阳光正在观察者的背后以低角度照射，便可能产生可以观察到的彩虹现象。

知识点

雨　林

雨林是雨量较多的生物区，雨林依位置的不同分热带雨林和温带雨林。雨林大多数靠近赤道，在赤道经过的非洲、亚洲和南美洲都有大片的雨林。湿润的气候保证了树木和植物的快速生长。同时，树和植物也为雨林中的成千上万种生物提供了食物和庇护所。此外还有亚热带雨林，分布在南北纬10°之间的迎风海岸。该处有雨季和旱季之分，有温度和日照的季节变化。亚热带雨林的树木密度和树种均较热带雨林稍少。其他雨林类型还有：红树雨林、平原湿地森林和洪泛森林等。

延伸阅读

彩虹的宗教意义

在犹太教和基督教经典《圣经》的希伯来语部分，创世记记载上帝耶和华让诺亚建造方舟后毁灭世界。之后以彩虹的名义跟诺亚及其子孙立约，再不降大洪水来毁灭世界。这是以历史记载的信息来解释地球上有彩虹这一现象的。

《圣经》中神晓谕诺亚和他的儿子说，我与你们和你们的后裔立约，并与你们这里的一切活物，就是飞鸟、牲畜、走兽，凡从方舟里出来的活物立约。我与你们立约，凡有血肉的，不再被洪水灭绝，也不再会有洪水毁坏田地了。神说，我与你们并你们这里的各样活物所立的永约，是有记号的。我把虹放在云彩中，这就可作我与地上立约的记号了。我使云彩盖地的时候，必有虹现在云彩中，我便记念我与你们和各样有血肉的活物所立的约，水就再不泛滥，毁坏一切有血肉的物了。虹必现在云彩中，我看见，就要想起我与地上各样有血肉的活物所立的誓约。神对诺亚说，这就是我与地上一切有血肉之物立约的记号了。

在藏传佛教当中，有一种与密宗修行有关的神秘现象，被称为"虹化现象"。指的是，极少数有大圆满修行境界的人在临终的时候，身体会化成一道彩虹消逝在空中。

物体有颜色的原因

夏日白昼，你去观察一棵树，树叶是绿色的。但是，如果你在只有几颗星星的夜晚看同一棵树时，树叶则是黑的。这是为什么呢？

事实上，任何物体的颜色取决于两点，即物体是否透光和照射在所观察的物体上的光的颜色。根据科学家的观点，白色和黑色都不是真正的颜色。

不透明的物体会反射特定颜色的光而吸收其余的光。夏日里我们观察的树叶显出绿色，就是因为树叶反射阳光中的绿色而吸收了其他颜色。在夜里这些树叶漆黑一片，是因为没有可供它们反射的各色光，于是就成了黑色。

夏日里，树叶反射阳光中的绿色而吸收其他颜色，所以我们看到的树多半是绿色的。

众所周知，透明的物体能透过颜色，即它让各色的光全部通过。由于它不吸收任何颜色的光以及反射其余颜色的光，所以它看起来透亮而且不带颜色，正如通常窗户上的玻璃那样。

另外，半透明的物体对通过它的光进行漫反射。这类物体的颜色取决于他们允许通过和吸收哪种光。这样，半透明的物体看起来有时像蒙上一层霜的无色或有色的毛玻璃。

绿色的树叶

同样，照射物体的光也影响物体的颜色。在阳光下观察一个熟透的苹果时，苹果反射红光而吸收别的光。因而，我们说苹果是红的。但是，如果在蓝色的灯泡下观察同一个苹果，由于没有红光可供反射，苹果则变成了黑色的。

知识点

漫反射

漫反射，是指投射在物体粗糙表面上的光向各个方向反射的现象。当一束平行的入射光线射到粗糙的表面时，表面会把光线向着四面八方反射，所以入射线虽然互相平行，由于各点的法线方向不一致，造成反射光线向不同的方向无规则地反射，这种反射称之为"漫反射"或"漫射"。这种反射的光称为漫射光。很多物体，如植物、墙壁、衣服等，其表面粗看起来似乎很平滑，但用放大镜仔细观察，就会看到其表面是凹凸不平的，所以本来是平行的太阳光被这些表面反射后，弥漫地射向不同方向。

延伸阅读

地面反射

地面反射是地面反射辐射的简称，指到达地面的总辐射中，有一部分被地面反射回大气的现象。地面反射能力的大小，以向上的反射辐射总通量与入射辐射总通量的比值来表示，称为地面反射率。地面反射率的大小取决于地面的性质和状态。一般来说，深色土壤的反射率比浅色土壤小，潮湿土壤的反射率比干燥土壤小，粗糙表面的反射率比平滑表面小。陆地表面的平均反射率为10%～35%，新雪面反射率最大，可达95%。水面反射率随太阳高度角而变，太阳高度角愈小反射率愈大。对波浪起伏的水面来讲，反射率平均为7%～10%左右。因此，即使总辐射强度一样，不同性质的下垫面得到的太阳辐射仍然有很大差别，这是地面温度分布不均匀的原因之一。

地面反射率还与下垫面有关，不同的下垫面会有不同的地面反射率，一般来说如果下垫面为雪地的话，那么反射率较高，如果为草地的话，反射率较低。

会发光的萤火虫

萤火虫在全世界约有 2 000 种，分布于热带、亚热带和温带地区。根据中国几位专家的统计，我国发现的种类约有 100 余种，再加上未发现的种类，总共可能有 150 种。小至中型，长而扁平，体壁与鞘翅柔软。前胸背板平坦，常盖住头部。头狭小。眼半圆球形，雄性的眼常大于雌性。腹部 7 ~ 8 节，末端下方有发光器，能发黄绿色光。萤火虫夜间活动，卵、幼虫和蛹也往往能发光，成虫的发光有引诱异性的作用。幼虫捕食蜗牛和小昆虫，喜欢栖于潮湿温暖、草木繁盛的地方。成虫仅仅进食一些露水或花粉等。科学家研究表明，有一种萤火虫，是要靠吃掉雄性萤火虫来繁衍并且保护后代生存的。这种"致命情人"目前还没有在中国被发现，它们大多生活在北美。它们不像中国的萤火虫成虫那样，一生不取食，或者仅仅食用花粉及露水等，它们是标准的捕食昆虫。这种萤火虫可通过模仿其他种类萤火虫的雌性闪光来"引诱"雄性，等雄性萤火虫以为自己的求爱得到应答，赶来幽会时，就会被对方吃掉。

夏季时，它们一般会在河边、池边、农田出现，活动范围一般不会离开净水源。相对而言，雄性萤火虫较为活跃，主动四处飞来吸引异性。雌性停在叶上等候发出信号。在萤火虫体内有一种磷化物——发光质，经发光酵素作用，会引起一连串化学反应，它发出的能量只有约一成多转为热能，其余多变作光能，其光称为冷光。常见萤火虫的光色有黄

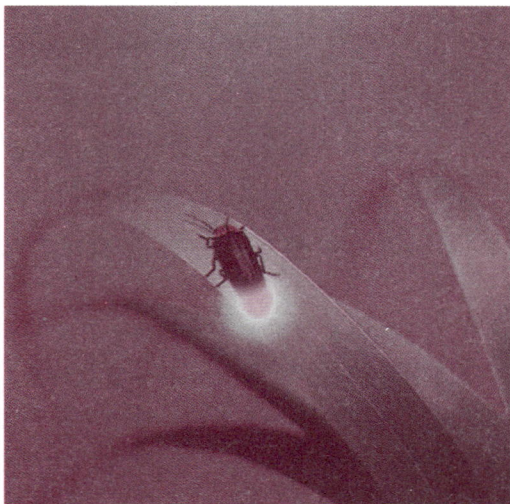

萤火虫

色、红色及绿色。雄性腹部有两节发光，雌性只有一节。发光是耗能活动，不会整晚发亮，一般只维持 2～3 小时。成虫寿命一般只有 5 天至 2 星期，这段时间主要为交尾繁殖下一代。在日落 1 小时后萤火虫非常活跃，争取时间互相追求。雄虫会在 20 秒中闪动一次亮光，再等 20 秒，再次发出信号，耐心等待雌虫的一次强光回应。当没有反应时，雄的会飞往别处。

萤火虫幼虫分为水生和陆生。幼虫一般需要 6 次蜕变后才进入蛹阶段。幼虫喜吃螺类和甲壳类动物，捕捉猎物后会先麻醉再将其消化的物质注入身体，把肉分解。

萤火虫在天黑时才开始发光。寻找萤火虫宜用电筒照路，避免直照草堆。萤火虫受电筒照射时可能暂时停止发光，反而找不到它们。

至于萤火虫发光的目的，早期学者提出的假设有求偶、沟通、照明、警示、展示及调节族群等功能；但是除了求偶、沟通之外，其他功能只是科学家观察的结果，或只是臆测。直到近几年，才有学者验证了"警示说"：1999 年，学者奈特等人发现，误食萤火虫成虫的蜥蜴会死亡，证实成虫的发光除了找寻配偶之外，还有警告其他生物的作用；学者安德伍德等人在 1997 年以老鼠做的试验，证实幼虫的发光对于老鼠具有警示作用。

知识点

鞘 翅

昆虫的翅类型之一。

鞘翅全部骨化，坚硬，主要用于保护后翅与背部；如鞘翅目昆虫的前翅。

亦称翅鞘。甲虫类的前翅全部变硬，角质化，与其说是用于飞翔，不如说是用于保护。在静止时后翅重复折叠，前翅在上面覆盖着，这种前翅称为鞘翅。飞翔时鞘翅不振动，借助于紧张的收缩和胸侧内突的助力，被固定在从水平线扩展到 30°～45°，专靠后翅的力量飞翔。

延伸阅读

捕捉萤火虫的方法

捕捉萤火虫一般都采用网兜法或瓶捕法。

网兜法是用纱布网兜对夜间在低空飞翔的萤火虫进行兜捕。由于此虫飞行速度较慢，它又时刻发出亮光，把飞行轨迹暴露得十分明显，飞行的高度又很低，只要被发现，用网扫去，十有八九都能捕到。有时没有捕到，但萤火虫受到兜网的突然碰撞，也会落在地上而被捉住。对停息在草丛中或树枝上的萤火虫，可拿着瓶口较大的玻璃瓶，靠近后将瓶口对准它，将其轻轻抹入瓶中。如它停息在不高处，也可直接用手去捉捕。但要注意的是，此虫身体娇弱，出手要轻，否则会将其捏伤。

千古之宝夜明珠

夜明珠是相当稀有的宝物，古称"随珠""悬珠""垂棘""明月珠"等。夜明珠在很多时候都充当着镇国宝器的角色。通常情况下，我们所说的夜明珠是指荧光石、夜光石。古书记载夜明珠用火烧时会发出美丽的光芒。它是大地里的一些发光物质经过了千百万年，由最初的岩浆喷发，到后来的地质运动，集聚于矿石中而成的。含有这些发光稀有元素的石头，经过加工，就是人们所说的夜明珠，常有黄绿、浅蓝、橙红等颜色，把荧光石放到白色荧光灯下照一照，它就会发出美丽的荧光，这种发光性明显地表现为昼弱夜强。此外，部分工艺品也利用萤石的特征制作一些冠以"夜明珠"名称的饰品。

夜明珠是从矿石中采集而得的，它在地球上的分布极为稀少，开采也很困难，所以它显得格外珍贵。据说，在古代希腊罗马，个别帝王把它镶嵌在宫殿上或者戴在皇冠上，有的皇后、公主把它装饰在首饰上或者放在卧室里，以它作为国宝加以宣扬和赞美。

我国民间流传的"夜明珠"，都有着奇异的发光性能，能在无光的环境中发出各种色泽的晶莹光辉。"夜明珠"在中国5 000年文明史中是最具神秘色彩，最为稀有，最为珍贵的珍宝，多为皇室私有。

为什么夜明珠在夜间会发出强烈而又绮丽的亮光呢？对此众说纷坛。一些宝石学家认为，因为在夜明珠的萤石成分中混入了硫化砷，钻石中混入了碳氢化合物。白天，这两种物质能发生"激化"，到晚上再释放出能量，变成美丽的夜光，并且能在一定的时间内持续发光，甚至永久发光。以上只是一部分专家的看法，不一定全面、准确。

夜明珠还有许多奥秘，至今还没有被专家们了解。据说，有一种叫做水晶夜明珠的，能发出"火焰"般的夜光，但其中的发光物质究竟是什么，至今还不太清楚。茫茫宇宙，无奇不有，夜明珠之谜，也是一桩千古疑案。自古至今，历代人们常以爱慕、惊异、迷惑不解的心情，对夜明珠津津乐道。古代一些文学作品和民间的一些传说，往往给夜明珠涂抹上一层又一层神秘色彩，编造出一个又一个扣人心弦的神话故事。

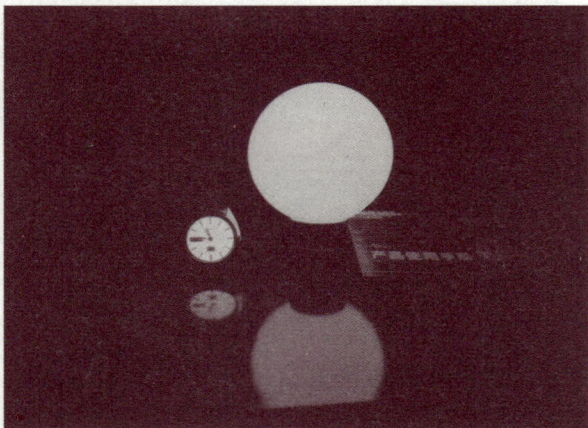

夜明珠

我们常说的"夜明珠"是指矿物宝石类夜明珠。从固体物理学角度看，矿物性"夜明珠"的基体材料都是无机盐类晶体中的激活晶态磷光体。

因为天然夜明珠是极其稀有和罕见的，所以世面上存在着为数不少的人造品，鉴定它的真伪也显得尤为重要。除了用玉石方面的检测仪器进行鉴别外，还可以根据它具备的许多特性进行识别。

纯天然的夜明珠有以下几个特点：

1. 须经光照 15 分钟，能在数十个小时内连续发光的浅灰色萤石。

2. 具有磷光现象，即能产生夜明珠准效应者。

3. 颜色美丽，半透明，无须任何光照，即永久主动发光，并且发光能量较大。

4. 一定要把萤石的萤光和磷光区分开来，磷光现象是在外加光源作用去掉后还能保持一定的发光时间。

5. 观察它的发光长度、均匀度及半衰期，余辉长短。

而人造夜明珠存在以下缺陷：

1. 在自身不发光的萤石裂隙中填充萤光粉，仅局部或线条状发光。

2. 填充发光物，破绽很多，有明显的痕迹，肉眼观看比较容易识破。

由于纯天然夜明珠价值较高，在鉴定真伪时，要持严肃、认真的态度，应有国家玉石权威检测机构出具鉴定证书作依据。

知识点 ▶▶ ▶▶▶▶▶

矿 石

矿石是矿物的集合体。在现代技术和经济条件下，能以工业规模从矿物中加工提取金属或其他产品。原先是指从金属矿床中开采出来的固体物质，现已扩大到形成后堆积在母岩中的硫黄、萤石和重晶石之类的非金属矿物。矿石中有用成分重量和矿石重量之比称为矿石品位，金、铂等贵金属矿石用克/吨表示，其他矿石常用百分数表示。常用矿石品位来衡量矿石的价值，但同样有效成分矿石中脉石的成分和有害杂质的多少也影响矿石价值。

延伸阅读

最大的夜明珠

陕西素有"天然历史博物馆"之称，西安曾展出一颗夜明珠。这颗夜明珠直径1.6米，重6.2吨，通体为绿色，圆滑而光润，仿佛大翡翠般可爱。在白天还看不到它的光芒，但是到夜晚的时候，在黑暗中自然发出由绿到白的荧光，犹如一轮明月。这颗夜明珠已被评为世界吉尼斯之最。据悉，这颗夜明珠是由一个矿工在云南发现的，当时是不规则的形状，体积有7吨多，后来经过打磨之后才变成圆形。

鬼火真是鬼魂吗

由于民间不知鬼火成因，只知这种火焰多出现在有死人的地方，而且忽隐忽现，因此称这种神秘的火焰为"鬼火"，认为是不祥之兆，是鬼魂作祟的现象。

在世界各地皆有关于鬼火的传说，例如在爱尔兰，鬼火就衍生为后来的万圣节南瓜灯，安徒生的童话中也有以鬼火为题的故事《鬼火进城了》。据说当德国炼金术士勃兰德在1669年发现磷后，就用了希腊文的"鬼火"来命名这种物质，但该希腊词亦可解作"启明星"。

中国对鬼火的传说也很多，清朝蒲松龄所写《聊斋志异》中就经常提及鬼火，而民间则认为是阎罗王出现的鬼灯笼。日本传说中的鬼怪，亦多有描述鬼火，在绘画这些鬼怪的时候经常会画几团鬼火在旁边。

难道真有"鬼火"吗？真的是死人的阴魂吗？不是的，人死了，人的一切活动也都停止了，根本不存在什么脱离身躯的灵魂。

"鬼火"实际上是磷火，是一种很普通的自然现象。它是这样形成的：人体内部，除绝大部分是由碳、氢、氧三种元素组成外，还含有其他一些元素，如磷、硫、铁等。人体的骨骼里含有较多的磷化钙。人死了，躯体被埋在地下腐烂，发生着各种化学反应。磷由磷酸根状态转化为磷化氢。磷化氢是一种气体物质，燃点很低，在常温下与空气接触便会燃烧起来。磷化氢产生之后沿着地下的裂痕或孔洞冒出到空气中燃烧发出蓝色的光，这就是磷火，也就是人们所说的"鬼火"。

"鬼火"为什么多见于盛夏之夜呢？这是因为盛夏天气炎热，温度很高，化学反应速度加快，磷化氢易于形成。由于气温高，磷化氢也易于自燃。

鬼 火

那为什么"鬼火"还会追着人"走动"呢？大家知道，在夜间，特别是没有风的时候，空气一般是静止不动的。由于磷火很轻，如果有风或人经过时带动空气流动，磷火也就会跟着空气一起飘动，甚至伴随人的步子，你慢它也慢，你快它也快；当你停下来时，由于没有任何力量来带动空气，所以空气也就停止不动了，"鬼火"自然也就停下来了。这种现象绝不是什么"鬼火追人"。

当然，也有一些科学家认为，之所以发生化学反应可能是因为甲烷的存在。但根据收集到的少得可怜的证据，鬼火是"冷火"，与存在甲烷的燃烧特点相左。此外，甲烷火焰呈淡蓝色，而鬼火则是淡黄色的。这样就得出了另外一个结论：鬼火并不是燃烧的结果，而是另外一种现象：化学发光。在这种情况下，从化学反应中释放出来的能量不是热量，而只有可见光。在自然界中这种现象用生物发光这个名词来描述，动物和植物都存在这种现象。

知识点 >>>>>

万圣节

万圣节是西方传统节日，时间为每年的 11 月 1 日，源自古代塞尔特民族的新年节庆，此时也是祭祀亡灵的时刻，在避免恶灵干扰的同时，也以食物祭拜祖灵及善灵以祈平安度过严冬。当晚小孩会穿上化妆服，戴上面具，挨家挨户收集糖果。主要流行于英语世界，如不列颠群岛和北美，其次是澳大利亚和新西兰。现在，一些亚洲国家的年轻一辈，也开始倾向于过"洋节"，到了万圣节前夕，一些大型外资超市都会摆出专柜卖万圣节的玩具，小商贩也会出售一些跟万圣节相关的玩偶或模型，吸引了年轻人的眼球。

延伸阅读

日本传说中的鬼火

有关鬼火现象的传说很多，有只脱离人体而去的，有亲眼看见在空中飞来飞去的，有飞到亲戚家告知自己已死的，还有所谓飞到某一特定场所的。所谓特定场所大多是指寺庙。在奈良县的一些地区，传说人死前，鬼火离体去普光寺参拜。青森县则传说，鬼火离体后去恐山安家。对鬼火，一般解释为人死后灵魂要去它该去的地方。受近世鬼狐传说的影响，鬼火的形象也越来越具体，一般特征是绿色或黄色，拖着一条长长的尾巴。

有趣的发光鱼奇观

海洋里的鱼类，有很多能发出亮光。一般来说，能发光的鱼类多居于深海，浅海里能发光的鱼类比较少。

鱼类是依靠身体上的发光器官发光的。这些发光器官的构造很巧妙，有的具有透镜、反射镜和滤光镜的作用，会折射光线；有的器官内的腺细胞，会分泌出发光的物质。

还有些鱼是因为鱼体上附有共栖性的发光细菌，这些发光细菌在新陈代谢过程中会发出亮光。鱼体上发光器官的大小、数目、形状和位置，因鱼的种类而各有不同。大多数鱼类的发光器官是分布在腹部两侧，但也有生长在眼缘下方、背侧、尾部或触须末端的。

1964年，海洋生物学家戴维，在红海首次发现一种十分奇特的闪光鱼——光脸鲷。它的身体只有7～10厘米长。这种小鱼生活在红海和印度洋的不到10米的深处，或者在较深的珊瑚礁上，发出的光十分明亮，在水下18米远处就能发现它。

发光鱼

一条光脸鲷所发的光能够使人在黑夜看清手表上的时间，所以潜水员常常把它们捉住后放在透明的塑料袋中，作为水中照明之用。

海洋生物学家认为，到目前为止，光脸鲷的发光亮度在所有发光动物中是最亮的，因此有"壮观的夜鱼"之称。

白天，光脸鲷隐匿在洞穴

或珊瑚礁中，仅在没有月光的夜晚才冒险出来，常常 12~60 条一起活动，多时可达 200 条。它们不成线状排列，而排成球形队列。当它们一齐拉下皮膜时，群鱼的发光器官好似无数明亮的星星，组成了一个巨大的亮球，以此来引诱小型甲壳动物和蠕虫作为自己的食物，但同时

光脸鲷

也不可避免地招来了一些大型的凶猛鱼类。当它将要受到威胁或袭击的时候，会立即巧妙地拉上了皮膜，顿时漆黑一团，它们则乘机溜之大吉。

像许多其他鱼类一样，光脸鲷的发光也依赖于共生发光细菌作为它的光源。据测定，这种鱼的一个发光器官中大约有 10 亿个发光细菌。这些细菌侵入到鱼的发光器官上，为自己安排了一个良好的生存环境，寄主则为它们提供了充足的养料，它们也帮助寄主引诱食物和逃避敌害。由发光细菌共生而引起的发光现象，甚至在动物体死后的几小时，还能继续发光。

最近，一个海洋生物学家做了一个有趣的实验：他把捕捉到的光脸鲷放在室内的水族箱里，同时做了一个能闪光的光脸鲷的精细模型。当模型放入水族箱的时候，光脸鲷就纷纷向模型游来，并拉下皮膜、闪显出黄绿色的光。这说明了光脸鲷的闪光是彼此联络的信号，也是它们群居生活的一个特征。

知识点

腺细胞

动物机体各组织的表皮中能制造和分泌某种液体物质的细胞，如构成汗腺、唾液腺的细胞。

　　腺细胞有两类：有导管与无导管。有导管：哈氏腺、前列腺、泪腺等等，无导管：哺乳类卵巢、胰岛、甲状腺这一类内分泌腺。

　　腔肠动物的腺细胞还可产生气体，由黏液裹成气泡，形成浮力，使生物上升。

　　高等动物的腺细胞的主要功能是分泌脂质和蛋白质，有关细胞器是核糖体、高尔基体、线粒体、内质网。

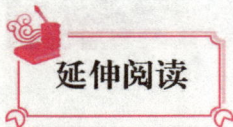

延伸阅读

海底扩张

　　到 20 世纪 50 年代，地理学家们才能用先进的技术测绘出海底世界。测绘结果显示：海底有座相当高耸的海洋"山脊"，形成了一道水下"山脉"，绵延约 83 683.6 千米，穿过世界上所有的海洋。海洋底部的"山脊"也叫断裂谷，断裂谷里不断地冒出岩浆，岩浆冷却后，在大洋底部造成了一条条蜿蜒起伏的新生海底山脉，这个过程就叫海底扩张，而这些新生的海底山脉则称为海岭。由于断裂谷里添了新岩石，断裂谷两边的岩石就逐渐远离了洋脊中央。所以，距离"山脉"越远的岩石就越古老。

　　当海岭和新的海底平原形成后，断裂谷的岩浆还会继续喷出，它们起着"传送带"的作用，把一条条新海岭从地壳岩层中推送出来，同时又把它们慢慢地从地壳岩层中推落下去，重新熔化到地幔中去，达到新生和消长的平衡。

有"探照灯"的鱼

　　一支在加勒比海从事科研工作的考察队，发现了一种极为罕见的鱼，在它的两只眼睛之间有一种能发光的特殊器官。至今，这种鱼只在 1907 年牙买加沿岸附近被捕获过，那时当地的渔民把它叫做"有探照灯的鱼"。

　　科学家已查明，这种奇特的鱼生活在海洋 170 多米的深处，它的光源是一种特殊的能发光的细菌，借助其"探照灯"，这种鱼能照亮其前方近 15 米远。

如果你有机会站在南美洲沿岸遥望夜海，那么将会看到海面有许许多多圆圆的月亮般的鱼，这就是月亮鱼。

月亮鱼个体不太大，每条重 500 克左右，其肉肥厚丰满，它的身体几乎呈圆形，鱼体的一边，体色银亮，并能放射出灿烂的珍珠光彩。由于它的头部隆起，眼睛很大，很像一个俯视的马头，因此也有"马头鱼"别称。

鱼类专家们发现，它们是用"头灯"发光的，在它们的两眼下有一粒发出青光的肉粒，这是闪光鱼用头探测异物、捕食食物，并与同类沟通的器官。一群闪光鱼聚在一起时，人们从老远就能看见它们。

闪光鱼主要生活在红海西部和印度尼西亚东海岸。它们白天住在深海礁洞里，晚上就沿着海床觅食嬉戏。它们头上的闪光灯平均每分钟可闪光 75 次，遇到同类时闪光频率会发生变化，受到追逐时，也有特定的闪动频率，用以迷惑对方。

不同的鱼会发出不同颜色的亮光，同一类的鱼也会发出不同颜色的光。

生活在深海里的鮟鱇鱼，背鳍第一条鳍的末端有一个发光器官，能发出红、蓝、白 3 种颜色的光，像一盏小灯笼。它的腹部有两列发光器，上列发出红色、蓝色和紫色的光，下列发出红色和橘黄色的光。

生活在深海里的角鲨，能够发出一种灿烂的浅绿色光亮。太平洋西岸的浅海里，有一种属于蟾鱼科的集群性小鱼，它的身体两侧各生有大约 300 个发光器，能发出奇异的光彩。在昂琉群岛和新加坡岛附近的海里，有一种小宝钰鱼，它的发光器官分布在消化道周围，由于鱼鳔的反射，这种鱼就像看不到钨丝的乳白电灯。

角　鲨

马来亚浅海有一种灯鲈鱼，能发出白中带绿的亮光，很像月光反射在波浪上；此处的另一种灯眼鱼，能发出星状的光亮，看起来好像落在水里的星星。

鱼类所发出的光是没有热量的，是冷光，也叫动物光。它们发光的目的各不相同。鮟鱇鱼发光是为了招引异性；松球鱼遇敌侵扰时，会发出"光幕"，用来迷惑敌人，吓唬敌人，警告同类。更多鱼类的发光，是为了照明，以便在漆黑的海水深处寻觅食物。

知识点

加勒比海

加勒比海面积约 270 万平方千米，是世界上最大的内海，位于大西洋西部边缘，北纬 9°~22°，西经 89°~60°。加勒比海以印第安人部族命名，意思是"勇敢者"或是"堂堂正正的人"。是世界上最大的内海。有人曾把它和墨西哥湾并称为"美洲地中海"，海洋学上称中美海。南接委内瑞拉、哥伦比亚和巴拿马海岸；西接哥斯达黎加、尼加拉瓜、洪都拉斯、危地马拉、伯利兹和犹加敦半岛；北接大安的列斯群岛，东接小安的列斯群岛。由于处在两个大陆之间，西部和南部与中美洲及南美洲相邻，北面和东面以大、小安的列斯群岛为界。其范围定为：从尤卡坦半岛的卡托切角起，按顺时针方向，经尤卡坦海峡到古巴岛，再到伊斯帕尼奥拉岛、波多黎各岛，经阿内加达海峡到小安的列斯群岛，并沿这些群岛的外缘到委内瑞拉的巴亚角的连线为界。尤卡坦海峡峡口的连线是加勒比海与墨西哥湾的分界线。

延伸阅读

"巨人"与"侏儒"

在全球大大小小的鱼中。论身长体重，首屈一指的当推鲸鲨。它长可达 20 米，重数吨，出现在海面上宛如一艘不小的轮船。

俗话说："大鱼吃小鱼"，鲸鲨该是海中霸王了吧？不，它在 350 多种鲨鱼中却是善良的"大哥"，根本没有绰号叫"白色的死亡"的大白鲨和横行霸道的虎鲨那样凶狠和残暴。据说奥地利一位水下探险家，曾在红海骑在一尾鲸鲨的背上玩过呢。鲸鲨在海里摄食时把嘴一张，连海水和浮游生物一齐吞下，通过鳃裂过滤，海水从鳃孔排出，它的主食浮游生物便留在嘴里了。

如果说鲸鲨是鱼类中的"巨人"，那么，产自菲律宾的鳉虎鱼就是"侏儒"了。它小得可怜，一般只比蚊子的幼虫子孑稍大一点，与大得惊人的鲸鲨相比真是"九牛一毛"。这还是指成鱼而言，那刚出生的鳉虎鱼，就更微乎其微了。

蠕虫释放"炸弹"避天敌

在太平洋发现了一种奇怪的海底生物，能从身体中释放明亮的发光物抵御天敌。这些蠕虫能够像战斗机驾驶员那样，在发现被热跟踪导弹追击时发射火球引开导弹的追击。

遇到危险时，这些蠕虫会释放出充满液体的气球，气球会突然爆破形成亮光，照亮数秒，然后光线逐渐消退。科学家相信，这种"炸弹"功能是一种防御武器。在黑暗的深海中闪烁这种绿光可能会让天敌分心，蠕虫从而有机会逃生。科学家在菲律宾群岛、美国西部和墨西哥海域从 1 000 ~ 4 000 米深处收集了 7 种蠕虫。

加州圣地亚哥斯克里普斯海洋学研究所的卡伦·奥斯伯恩说："我们发现了一群新的，相当多的而且是之前我们不曾知道的特殊动物。它们不是稀有动物，我们经常看到它们成百出现。唯一的问题是它们的栖息地，你很难取样。"

这种像蜈蚣一样的蠕虫几乎通体透明，借助身上的长毛游动。5 种蠕虫装备有"炸弹"，这些"炸弹"被认为是由鳃进化而来的。斯克里普斯底栖无脊椎动物馆馆长格雷格·鲁斯教授说："它们的一些近亲有鳃，而且鳃长在和炸弹的相同位置。鳃能轻易脱落，因此，易分离也类似，但是，

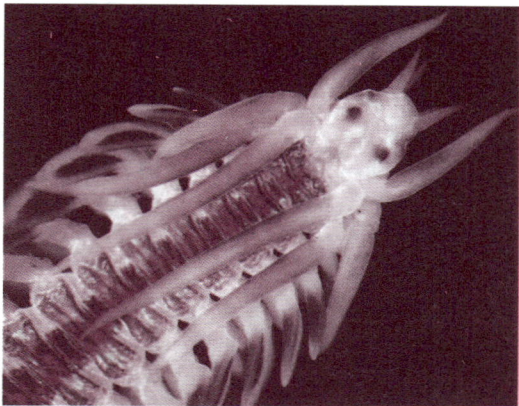

蠕 虫

由于某些原因，鳃逐渐变成了这些发光的可分离的小球。"这些蠕虫是科学家通过遥控无人潜艇在深海发现的。

知识点

蜈　蚣

蜈蚣是蠕虫形的陆生节肢动物，属节肢动物门多足纲。蜈蚣的身体是由许多体节组成的，每一节上有一对足，所以叫做多足动物。白天它们隐藏在暗处，晚上出去活动，以蚯蚓、昆虫等动物为食。蜈蚣与蛇、蝎、壁虎、蟾蜍并称"五毒"，并位居五毒首位。

延伸阅读

蠕虫病毒

蠕虫病毒是自包含的程序，它能传播它自身功能的拷贝或它的某些部分到其他的计算机系统中。请注意，与一般的病毒不同，蠕虫不需要将其自身附着到宿主程序，有两种类型的蠕虫：主机蠕虫与网络蠕虫。主计算机蠕虫完全包含在它们运行的计算机中，并且使用网络的连接仅将自身拷贝到其他的计算机中，主计算机蠕虫在将其自身的拷贝加入到另外的主机后，就会终止它自身，这种蠕虫有时也叫"野兔"，蠕虫病毒一般是通过 1434 端口漏洞传播的。

比如近几年危害很大的"尼姆亚"病毒就是蠕虫病毒的一种，2007 年 1 月流行的"熊猫烧香"以及其变种也是蠕虫病毒。这一病毒利用了微软视窗操作系统的漏洞，计算机感染这一病毒后，会不断自动拨号上网，并利用文件中的地址信息或者网络共享进行传播，最终破坏用户的大部分重要数据。蠕虫病毒的一般防治方法是：使用具有实时监控功能的杀毒软件，并且注意不要轻易打开不熟悉的邮件附件。

生活中存在的光

SHENGHUOZHONG CUNZAI DE GUANG

在我们每天的活动中，会接触到许多光。工作中的电脑、鼠标，生活中的照明光。此外，还有一些我们不常接触，但是对我们很有用的光传播介质，譬如：光学玻璃、反射镜、光纤、红外线遥感器等等。

引导潮流的光学鼠标

鼠标的种类繁多，千奇百怪。但光学鼠标的问世，似乎是鼠标史的一个革命。那么什么是光学鼠标呢？

光学鼠标是利用光学的技术制造的，其特点就是你找不到它的滚球，因为它利用了底部的光点侦测鼠标在移动中所产生的位移量。使用它最大的好处就是不用常常清洁鼠标球，因为没有滚轮，而且精确度高。

光学鼠标主要由 4 部分的核心组件构成，分别是发光二极管、透镜组件、光学引擎以及控制芯片。

光学鼠标通过底部的 LED 灯，灯光以 30°角射向桌面，照射出粗糙的表面所产生的阴影，然后再通过平面的折射透过另外一块透镜反馈到传感器上。当鼠标移动的时候，成像传感器录得连续的图案，然后通过"数字信号处理器"对每张图片的前后对比分析处理，以判断鼠标移动的方向以及位移，从而得出

光学鼠标

鼠标 x、y 方向的移动数值。再通过 SPI 传给鼠标的微型控制单元。鼠标的处理器对这些数值处理之后，传给电脑主机。传统的光电鼠标采样频率约为 3 000 帧/秒，也就是说它在 1 秒钟内只能采集和处理 3 000 张图像。

最初的光学鼠标中的光学定位芯片每秒只能采集和处理 1 500 张图像，这使得光学鼠标的性能大打折扣。为了解决这一困扰光学鼠标用户的问题，微软公司开发出拥有自主知识产权的专利光学定位芯片：光学定位芯片。该芯片可以提供高达 6 000 帧/秒的采样能力，这项技术带来光标控制的准确性和史无前例的精确感应，使光学鼠标真正得到完善。

光学鼠标发展到现在已经成为市场主流，但这一切却与当时微软开发"光学感应技术"是密不可分的。

知识点

光学引擎

光学引擎是光学鼠标的核心部件，它的作用就好比是人的眼睛，不断地摄取所见到的图像并进行分析。光学引擎由厘米 OS 图像感应器和光学定位 DSP（数字信号处理器）所组成，前者负责图像的收集并将其同步为二进制的数字图像矩阵，而 DSP 则负责相邻图像矩阵的分析比较，并据此计算出鼠标的位置偏移。光学鼠标主要有分辨率和刷新频率两项指标，二者均是由厘米 OS 感应器所决定的。虽然光学引擎看起来结构不复杂，但目前能够生产光学感应器的厂家只有安捷伦、微软和罗技三家公司。其中，安捷伦公司的光学感应器使用十分广泛，除了微软的全部和罗技的部分光电鼠标之外，其他的光电鼠标基本上都采用了安捷伦公司的光学感应器。微软的光学引擎只是用在自家的光学鼠标产品身上，不对外出售，以此保证自己的技术优势。而安捷伦走的是供应商路线，向鼠标制造商提供感应器产品。

延伸阅读

原始鼠标

道格拉斯博士与他的同事比尔英格力士于 1963 年设计出了鼠标最初的原型，并于 1968 年 12 月 9 日制成了世界上第一支"鼠标"，它是利用鼠标移动时引发电阻变化来实现光标的定位和控制的。原始鼠标的结构较为简单，底部装有两个互相垂直的片状圆轮，每个圆轮分别带动一个机械变阻器，当鼠标移动之时会改变变阻器的电阻值。如果施加的电压固定不变，那么鼠标所反馈的电信号强度就会发生变化，而利用这个变化的反馈信号参数，系统就可以计算出它在水平方向和垂直方向的位移，进而产生一组随鼠标移动而变化的动态坐标。这个动态坐标就决定了鼠标在屏幕上所处的位置和移动的情况，于是它便可以代替键盘的上、下、左、右 4 个键，让使用者可将光标定位在屏幕的各个地方。由于原始鼠标的尾部拖着一条数据连线，看起来很像一只小老鼠，后来人们干脆就直接将它称为"Mouse"，这也就是"鼠标"的得名由来。1968 年 12 月 9 日，为其设计申请了专利。

道格拉斯博士，是今天所有鼠标的鼻祖。

光驱的工作原理

在现实生活中，光驱的应用的确给生活带来了不一样的感受，现在便要带领你们一起去探寻光驱的奥秘。

光盘驱动器是一个结合光学、机械及电子技术的产品。在光学和电子结合方面，激光光源来自于一个激光二极管，经过处理后光束更集中且能精确控制，光束首先打在光盘上，再由光盘反射回来，经过光检测器捕获信号。光盘上有两种状态，即凹点和空白，它们的反射信号相反，很容易经过光检测器识别。检测器所得到的信息只是光盘上凹凸点的排列方式，驱动器中有专门的部件把它转换并进行校验，然后我们才能得到实际数据。光盘在光驱中高速的转动，激光头在伺服电机的控制下前后移动读取数据。

光　驱

光驱的安装比较简单，它和硬盘的安装很相似。对于 IDE 光驱，一个主要的问题是设置主盘和副盘，一般在光驱上都标明了跳线方式。MA 表示主盘，SL 表示副盘。一般情况下，我们把光驱设置为副盘，把它与硬盘接在同一条数据线上；在光驱设成主盘的情况下，你可以单独为它接一根数据线，把它连接到主板的副 IDE 口上。在连接数据线时，要注意接口的方向。另外有一个容易出问题的地方是 CD 音频线的连接，光驱的 CD 音频接口一般有 4 根针，分别是左右声道和两个地线，R 代表右声道，L 代表左声道，G 代表地线。在声卡上也有一个类似的插座，它接收光驱的 CD 音频信号并把它放大输出到"Speaker"孔。CD 音频线有 3 芯或 4 芯，4 芯的只是多了一个地线而已。在连接音频线时，注意光驱和声卡的左右声道和地线要对应，否则可能出现问题，如放 CD 时只有一个喇叭响等。

如何设置从光驱启动，大家也许已经熟悉，下面再简单介绍几种常用方法：

（1）机器启动后首先按 Del 键进入 BIOS。

（2）通过键盘上的方向键选中 Advanced BIOS Features。

（3）回车进入 BIOS 设置界面。

（4）用方向键选中 First Boot Device 或（1st Boot Device）回车。

（5）用上下方向键选中 CD－ROM。

（6）按 ESC 返回 BIOS 设置界面。按 F10。

（7）按"Y"键后回车，重启电脑。

（8）重启电脑，放入光盘，在读光盘的时候按回车键。

需要注意的是，由于 BIOS 的不同，进入 BIOS 后设置按键也有可能不同。如果是 AMI BIOS，进入 BIOS 之后按右方向键，然后选择同样的类似 First Boot Device 的选项，然后保存更改退出。如果是笔记本，可以按 F2 进入 BIOS，后面的设置大同小异。

既然光驱有如此的魅力，那么光驱的工作原理是怎样的呢？

想要了解光驱的工作原理，我们还要从激光头说起。激光头是光驱的心脏，也是最精密的部分。它主要负责数据的读取工作，因此在清理光驱内部的时候要格外小心。激光头主要包括：激光发生器，半反射棱镜，物镜，透镜以及光电二极管这几部分。当激光头读取盘片上的数据时，从激光发生器发出的激光透过半反射棱镜，会聚在物镜上，物镜将激光聚焦成为极其细小的光点并打到光盘上。此时，光盘上的反射物质就会将照射过来的光线反射回去，透过物镜，再照射到半反射棱镜上。此时，由于棱镜是半反射结构，因此不会让光束完全穿透它并回到激光发生器上，而是经过反射，穿过透镜，到达了光电二极管上面。由于光盘表面是以凸起不平的点来记录数据，所以反射回来的光线就会射向不同的方向。

人们将射向不同方向的信号定义为"0"或者"1"，发光二极管接收到的是那些以"0""1"排列的数据，并最终将它们解析成为我们所需要的数据。在激光头读取数据的整个过程中，寻迹和聚焦直接影响到光驱的纠错能力以及稳定性。寻迹就是保持激光头能够始终正确地对准记录数据的轨道。当激光束正好与轨道重合时，寻迹误差信号就为 0，否则寻迹信号就可能为正数或者负数，激光头会根据寻迹信号对姿态进行适当地调整。如果光驱的寻迹性能很差，在读盘的时候就会出现读取数据错误的现象，最典型的就是在读音轨的时候出现的跳音现象。所谓聚焦，就是指激光头能够精确地将光束打到盘片上并收到最强的信号。当激光束从盘片上反射回来时会同时打到 4 个光电二极管上。它们将信号叠加并最终形成聚焦信号。只有当聚焦准确时，这个信号才为0，否则，它就会发出信号，矫正激光头的位置。聚焦和寻道是激光头工作时最重要的两项性能，我们所说的读盘好的光驱都是在这两方面性能优秀的产品。

目前，市面上英拓等少数高档光驱产品开始使用步进马达技术，通过螺旋螺杆传动齿轮，使得 1/3 寻址时间从原来 85 毫秒降低到 75 毫秒以内，相对于同类 48 速光驱产品 82 毫秒的寻址时间而言，性能上得到明显改善。而且光驱的聚焦与寻道很大程度上与盘片本身不无关系。目前市场上不论是正版盘还是盗版盘都会存在不同程度的中心点偏移以及光介质密度分布不均的情况。当光盘高速旋转时，造成光盘强烈震动的情况，不但使得光驱产生风噪，而且迫使激光头以相应的频率反复聚焦和寻迹调整，严重影响光驱的读盘效果和使用寿命。在36X～44X的光驱产品中，普遍采用了全钢机芯技术，通过重物悬垂实现能量的转移。但面对每分钟上万转的高速产品，全钢机芯技术显得有些无能为力，市场上已经推出了以ABS技术为核心的英拓等光驱产品。ABS技术主要是通过在光盘托盘下配置一副钢珠轴承，当光盘出现震动时，钢珠会在离心力的作用下滚动到质量较轻的部分进行填补，以起到瞬间平衡的作用，从而改善光驱性能。光驱的更新换代的速度与同类电子产品一样，可谓是日新月异。

一些光驱为了提高容错能力，提高了激光头的功率。当激光头功率增大后，读盘能力确实有一定的提高，但长时间"超频"使用会使激光头老化，严重影响光驱的寿命。一些光驱在使用仅3个月后就出现了读盘能力下降的现象，这就很可能是激光头老化的结果。这种以牺牲寿命来换取容错性的方法是不可取的。那么，如何判断您购买的光驱是否被"超频"呢？在购买的时候，您可以让光驱读一张质量稍差的盘片。如果在盘片退出后表面温度很高，甚至烫手，那就有可能是被"超频"了。不过也不能排除是光驱主轴马达发热量大的结果。

因为光驱的常用性，所以平日里，对它的维护也显得尤为重要。我们知道，激光头是最怕灰尘的，很多光驱长期使用后，识盘率下降就是因为尘土过多，所以平时不要把托架留在外面，也不要在电脑周围吸烟。而且不用光驱时，尽量不要把光盘留在驱动器内，因为光驱要保持"一定的随机访问速度"，所以盘片在其内会保持一定的转速，这样就加快了电机老化（特别是塑料机芯的光驱更易损坏）。另外在关机时，如果劣质光盘留在离激光头很近的地方，那当电机转起来后很容易划伤激光头。

散热问题也是非常重要的，一定要注意电脑的通风条件及环境温度的高低，机箱的摆放一定要保证光驱保持在水平位置，否则光驱高速运行时，其中的光盘将不可能保持平衡，将会对激光头产生致命的碰撞而被损坏，同时对光盘的损坏也是致命的，所以在光驱运行时要注意听一下发出的声音，如果有光盘碰撞的噪声请立即调整光盘、光驱或机箱位置。

知识点

光 学

光学，是研究光的行为和性质，以及光和物质相互作用的物理学科。传统的光学只研究可见光，现代光学已扩展到对全波段电磁波的研究。光是一种电磁波，在物理学中，电磁波由电动力学中的麦克斯韦方程组描述；同时，光具有波粒二象性，需要用量子力学表达。

光学真正形成一门科学，应该从建立反射定律和折射定律的时代算起，这两个定律奠定了几何光学的基础。17 世纪，望远镜和显微镜的应用大大促进了几何光学的发展。

光的本性也是光学研究的重要课题。微粒说把光看成是由微粒组成的，认为这些微粒按力学规律沿直线飞行，因此光具有直线传播的性质。19 世纪以前，微粒说比较盛行。但是，随着光学研究的深入，人们发现了许多不能用直进性解释的现象，例如光的干涉、衍射等，用光的波动性就很容易解释。于是光学的波动说又占了上风。两种学说的争论构成了光学发展史上的一根红线。

狭义来说，光学是关于光和视见的科学，光学这个词，早期只用于跟眼睛和视见相联系的事物。而今天，通常说的光学是广义的，是研究从微波、红外线、可见光、紫外线直到 X 射线的宽广波段范围内的，关于电磁辐射的发生、传播、接收和显示，以及跟物质相互作用的科学。光学是物理学的一个重要组成部分，也是与其他应用技术紧密相关的学科。

延伸阅读

光驱故障维修

当光驱出现问题时，一般表现为光驱的指示灯不停地闪烁、不能读盘或读盘性能下降；光驱盘符消失。光驱读盘时蓝屏死机或显示"无法访问光盘，设备尚未准备好"等提示框等。

1. 光驱连接不当造成

安装光驱后，开机自检，如不能检测到光驱，则要认真检查光驱排线的连接是否正确、牢靠，光驱的供电线是否插好。如果自检到光驱这一项时出现画面停止，则要看看光驱（主、副）跳线是否无误。

2. 内部接触问题

如果出现光驱卡住无法弹出的情况，可能就是光驱内部配件之间的接触出现问题，大家可以尝试如下的方法解决：将光驱从机箱卸下并使用十字螺丝刀拆开，通过紧急弹出孔弹出光驱托盘，这样你就可以卸掉光驱的上盖和前盖。卸下上盖后会看见光驱的机芯，在托盘的左边或者右边会有一条末端连着托盘马达的皮带。你可以检查此皮带是否干净，是否有错位，同时也可以给此皮带和连接马达的末端上油。另外光驱的托盘两边会有一排锯齿，这个锯齿是控制托盘弹出和缩回的。请你给此锯齿上油，并看看它有没有错位之类的故障。如果上了油请将多余的油擦去，然后将光驱重新安装好，最后再开机试试看。

太阳灶是怎样炼成的

据古希腊阿波罗尼斯所著《论点火镜》一书可知，当时人已经掌握球面形的、旋转抛物面形的和旋转椭球面形的凹面镜都能够会聚阳光，点燃物体。因此当时人们称它们为点火镜。我国古代的点火镜叫做"阳燧"，样子像一只酒盅。把阳燧向着太阳，可以将光聚为一点，点燃火绒。时至今日，人们利用这个原理发明了太阳灶，把许许多多小镜子拼成一面大的凹形的反光镜，或做一面大的凹面镜，将它正对着太阳，射到镜面上的阳光会聚焦在镜面前的锅底，把锅中的水烧开或把饭煮熟。

太阳灶是利用太阳能辐射，通过聚光获取热量，进行炊事烹饪食物的一种装置。它不烧任何燃料；没有任何污染；正常使用时比蜂窝煤炉还要快。

世界上最大的太阳灶是建在法国比利牛斯山上的太阳能高温炉，大凹面镜是由 9 000 块小反射镜组成的，使位于焦点的炉内温度高达 4 000℃。

现在，太阳灶已是较成熟的产品。人类利用太阳灶已有 200 多年的历史，特别是近二三十年来，世界各国都先后研制生产了各种不同类型的太阳灶。尤其是发展中国家，太阳灶受到了广大用户的好评，并得到了较好的推广和应用。

太阳灶基本上可分为箱式太阳灶、平板式太阳灶、聚光式太阳灶和室内太阳灶、储能太阳灶。前 3 种太阳灶均在阳光下进行炊事操作。

箱式太阳灶根据黑色物体吸收太阳辐射较好的原理研制而成。它是一只典型的箱子，朝阳面是一层或两层平板玻璃盖板，安装在一个托盖条上，其目的是为了让太阳辐射尽可能多地进入箱内，并尽量减少向箱外环境的辐射和对流散热。里面放了一个挂条，来挂放锅及食物。箱内表面喷刷黑色涂料，以提高吸收太阳辐射的能力。箱的四周和底部采用隔热保温层。箱的外表面可用金属或非金属，主要是为了抗老化和形状美观。整个箱子将盖板与灶体之间用橡胶或密封胶堵严缝隙。使用时，盖板朝阳，温度可以达到 100°C 以上，能够满足蒸、煮食物的要求。这种太阳灶结构极为简单，可以手工制作，且不需要跟踪装置，能够吸收太阳的直射和散射能量，所以产品价格较低。但由于箱内温度较低，不能满足所有的炊事要求，推广应用受到较大限制。

平板式太阳灶利用平板集热器和箱式太阳灶的箱体结合起来就形成了平板式太阳灶。

平板集热器可以应用全玻璃真空管，它们均可以达到 100°C 以上，产生蒸汽或高温液体，将热量传入箱内进行烹调。普通拼版集热器如果性能很好也可以应用。例如盖板黑的涂料采用高质量选择性涂料，其集热温度也可以

太阳灶

高于 100°C。这种类型的太阳灶只能用于蒸、煮或烧开水，大量推广应用也受到很大限制。

聚光式太阳灶是将较大面积的阳光聚焦到锅底，使温度升得较高，以满足炊事要求。这种太阳灶的关键部件是聚光镜，不仅有镜面材料的选择，还有几何形状的设计。最普通的反光镜为镀银或镀铝玻璃镜，也有铝抛光镜面和涤纶薄膜镀铝材料等。

室内太阳灶的主要特点是采用传热介质，把室外聚集接收到的太阳辐射能传递到室内，然后供人们用来烹调食物。考虑到室内操作的稳定性，应增加蓄热装置。

储能太阳灶是利用光学原理使低品位阳光通过聚焦达到800℃～1 000℃的高温能量后，再利用导光镜或光纤使高温光束导向灶头直接利用或将能量储存起来。这种全新的太阳灶不仅可以做饭烧水、烘烤、储能，而且还可以作为阳光源导向室内作照明用或作花卉、盆景的光照用。

目前中国太阳灶的推广和应用区域集中在西部太阳能丰富的甘肃、青海、宁夏、西藏、四川、云南等地区，而这与国家和地方政府的支持分不开。截至2006年底，农业部在四川省甘孜和青海省玉树两个藏族自治州投资870万元实施的太阳能温暖工程项目全面完成。两州11个县88个乡（镇）372个村的22 800户牧民每户安装了一台太阳灶，实现了一户一灶，可为牧民年节约劳动力成本1 368万元。2008年，农业部继续在青海等四省藏区及宁夏中部干旱地区实施太阳能温暖工程。为此，农业部安排中央财政投资7 741万元，在青海果洛，海南黄南州，四川甘孜、阿坝州，甘肃甘南州，云南迪庆州等藏区及宁夏中部干旱地区共64个县，为近20万户农牧民安装太阳灶198 235台。

知识点 >>>>>

盆　景

盆景是以植物和山石为基本材料在盆内表现自然景观的艺术品。盆景源于中国，盆景一般有树桩盆景和山水盆景两大类，盆景是由景、盆、几3个要素组成的，它们之间是相互联系、相互影响的统一整体。人们把盆景誉为"立体的画"和"无声的诗"。

盆景是中华民族优秀传统艺术之一。它以植物、山石、土、水等为材料，经过艺术创作和园艺栽培，在盆中典型、集中地塑造大自然的优美景色，达到缩龙成寸、小中见大的艺术效果，同时以景抒怀，表现深远的意境，犹如立体的山水画。

盆景的主要材料本身即是自然物，具有天然神韵。其中植物还具有生命特征，能够随着时间推移和季节更替，呈现出不同景色。盆景是一种活艺术品，是自然美和艺术美有机结合的观赏品。

延伸阅读

最早的太阳能灶

世界上第一个太阳灶设计者是法国的穆肖，1860 年他奉拿破仑三世之命，研究用抛物面镜反射阳光集中到悬挂的锅底，供驻在非洲的法军使用。1878 年阿塔姆斯又曾作了许多研究和改进，此后，印度便有 10 家工厂生产。到了 1889 年全世界就有了许多太阳灶的专利，有了各种各样形式的太阳灶。太阳灶在广大农村，特别是在燃料缺乏地区，具有很大的实用价值。目前世界上太阳灶的利用相当广泛，技术也日趋成熟，它不仅可以节约煤炭、电力、天然气，而且十分干净，毫无污染，是一个值得大力推广的太阳能利用装置。

迷人的汽油假象美

雨过天晴，汽车驶过积水的柏油马路，会形成一片片油膜，在阳光下呈现出美丽的颜色。原本无色透明的汽油，怎么会变成彩色的呢？这是光的干涉现象造成的。

在平静的水塘中丢下一块石头，水面就会激起一圈圈涟漪。如果从同样的高度，同时丢下两块大小相同的石头，它们激起的水波相遇时，波动情况就大不一样，在两列水波相遇的区域，水面起伏更剧烈。某些地方的水面特别低。水面好像是一幅美丽的图案：从中心向外，不仅有呈同心圆状的高低相间的圈圈，而且有辐射状的高低相间的条条。两列水波相遇后叠加的情况，物理学上叫做水波的干涉。

同样，两列光波相遇时也会发生干涉。漂浮在水面上的油膜，在各处的厚度是不一样的。当光线照在油膜上时，一部分会被油表面反射，另一部分进入油膜内部，被油膜下的水表面反射。阳光是由红、橙、黄、绿、蓝、靛、紫7种颜色的光组成的复色光。当它在油膜的正面和背面反射相遇时，就要产生干涉现象。有的光线互相加强，有的光线互相减弱，甚至完全抵消。加强或减弱取决于光波的波长和油膜的厚度。由于油膜的厚度各处都不一样，阳光中的不同波长的单色光在不同厚度的地方，有的会得到加强，有的却会减弱，甚至相互抵消。这样，油膜上有些地方就显得红一些，有些地方显得蓝一些，从而呈现出瑰丽的色彩。

不仅油膜会形成光的干涉，光线射入任何透明薄膜时，都会发生这种现象。比如肥皂泡、蜻蜓或苍蝇的翅膀，在阳光的照射下，也显得色彩缤纷。

知识点

复色光

由几种单色光合成的光叫做复色光，又称"复合光"。包含多种频率的光，例如太阳光、弧光等。一般的光源是由不同波长的单色光混合而成的复色光，自然界中的太阳光及人工制造的日光灯等所发出的光都是复色光。

复色光不单单是太阳的白光，但白光一定是复色光。

延伸阅读

汽油发展史

在19世纪的大部分时间内，煤油是标准的点灯用燃料。当时的石油冶炼依赖简单的蒸馏过程，将石油中沸点不同的成分分离出来。煤油的沸点较高，很容易同沸点较低的汽油以及其他杂质分离开来。煤油成为原油炼制的主要产品，而汽油和其他成分则往往被白白烧掉。到20世纪前20年，研究人员发现，内燃机采用汽油这样的轻型燃料，反而运转得更好。但采用蒸馏法，仅能从原油中提炼出 20% 的汽油。尽管美国石油勘探人员在宾夕法尼亚州、印第安纳州、俄克拉荷马州及得克萨斯州打出很多油井，但冶炼汽油的低效率，极大地阻碍了汽车工业的发展。

美国"标准石油公司"的两名工程师，威廉姆·伯顿和罗伯特·哈姆福瑞斯解决了提炼汽油的低效率问题。他们对蒸馏法进行了改进，在其标准加热过程中增大压力，将煤油"裂解"成汽油。这种"热裂解"工艺使汽油的冶炼效率提高了一倍，出油率达到 40%。1913 年，伯顿获得了有关这一工艺的专利。美国生产的汽油从此赶上了汽车需求的步伐。

日光浴的注意事项

人们知道，紫外线直接照射皮肤，除有杀菌作用外，还具有调整和改善神经、内分泌、消化、循环、呼吸、血液、免疫系统等功能的作用。但是，近年来人们逐渐认识到，过量的紫外线可对人体的皮肤、眼睛以及免疫系统等造成危害。日前，世界卫生组织的专家们呼吁从事户外活动的人们要避免长时间在日光下曝晒，到海滨和山区度假时尤其要注意保护皮肤。

紫外线强烈作用于皮肤时，可发生光照性皮炎，致皮肤上出现红斑、瘙痒、水疱、水肿等；严重的还可引起皮肤癌。

紫外线作用于中枢神经系统，可出现头痛、头晕、体温升高等。作用于眼部，可引起结膜炎、角膜炎，称为光照性眼炎，还有可能诱发白内障。

在紫外线较强的地区，上述影响十分明显。如在低纬度地区，由于太阳投射角大于高纬度地区，日照时间长。而在高海拔地区，由于空气稀

日光浴

薄、云雾尘粒少，大气和地面对紫外线吸收少，都增加了紫外线的辐射量。因此，这些地区的白内障发病率相对较高；在阳光照耀的海面上或沙漠中长期瞭望观察的士兵、海员，常有暗适应能力下降的现象出现；在空气稀薄的雪山高原的工作人员，因受雪地表面强烈反射的紫外线的光射损伤，易患雪盲症；人们在雪地、沙漠或海面上暴露时间过长，因受紫外线影响强，易患光照性眼炎。

近年来，大量化学物质破坏了大气层中的臭氧层，破坏了这道保护人类健康的天然屏障。据国家气象中心提供的报告显示，1979年以来中国大气臭氧层总量逐年减少，在20年间臭氧层减少了14%。而臭氧层每递减1%，皮肤癌的发病率就会上升3%。目前，北京市气象局发布了北京市的紫外线指数，以帮助人们适当预防紫外线辐射。

北京市气象局提醒人们当紫外线为最弱（0~2级）时对人体无太大影响，外出时戴上太阳帽即可；紫外线达到3~4级时，外出时除戴上太阳帽外还需备太阳镜，并在身上涂防晒霜，以避免皮肤受到太阳辐射的伤害；当紫外线强度达到5~6级时，外出时必须在阴凉处行走；紫外线达7~9级时，在上午10时至下午4时这段时间最好不要到沙滩场地上晒太阳；当紫外线指数等于大于10级时，应尽量避免外出，因为此时的紫外线辐射极具伤害性。

知识点

臭氧层

臭氧层是指大气层的平流层中臭氧浓度相对较高的部分，其主要作用是吸收短波紫外线。大气层的臭氧主要以紫外线打击双原子的氧气，把它分为两个原子，然后每个原子和没有分裂的氧合并成臭氧。臭氧分子不稳定，紫外线照射之后又分为氧分子和氧原子，形成一个继续的臭氧—氧气循环过程，如此产生臭氧层。自然界中的臭氧层大多分布在离地20~50千米的高空。臭氧层中的臭氧主要是紫外线制造。2011年11月1日，日本气象厅发布的消息说，该机构年初以来测到的南极上空臭氧层空洞面积的最大值超过去年，已相当于过去10年的平均水平。

延伸阅读

日光浴方法

一是用直接照射法，可取卧位或坐位，必须按照循序渐进的原则，逐渐扩大照射部位和延长时间，使人体逐渐适应日光的刺激。一般，先照射下肢和背部，然后照上肢和胸腹部；要保护头部和眼睛免受照射，可用白毛巾、草帽遮头并戴墨镜。照射时间应根据海拔高度、季节和照射后个体反应来掌握。例如，高原比平地日光强，含紫外线多，夏季中午的日光最强，照射时间应短。

二是采取全身日光浴，也可根据病变部位的不同，采取背光浴、面光浴、部分肢体浴等。全身日光浴要求赤身裸体，并不断地翻转身体，使各部分能充分地接受日光的照射。初行日光浴时，每次照射 10 分钟即可，以后可逐渐增加到 30 分钟。局部日光浴者可用雨伞或布单遮挡，每次日光浴后可用 35℃ 的温水淋浴，然后静卧休息。一般连续 20 天左右。

冬天日光中紫外线量约为夏季的 1/6，照射时间可适当延长。日光浴一般从 5 分钟开始，以后可每次增加 5 分钟，若全身反应良好，可延长到 1 ~ 2 小时。

日光浴的地点要清洁，平坦，干燥，在绿化地区则更好；不宜在沥青地面或靠近石墙处进行，以免沥青蒸气中毒和辐射热太高。

美丽的鲜花也会暗淡

在阳光下本来一束美丽多彩的鲜花，夜间在灯光下观看时鲜明的色彩已不分明，美丽的鲜花黯然失色。这是什么原因？原来白色的阳光是由红、橙、黄、绿、蓝、靛、紫组成的。让一束白色的阳光通过三棱镜折射后，在光屏上就可以看见这 7 种颜色。万物之所以有色彩，都是由于受到阳光的照射而把本身的色光反射出来的结果。夜晚的鲜花往往会因各种灯光的照射，不能反射自身特有的光而变得暗淡。

黯淡的鲜花

只有在由这7种颜色组成的色光照射下，物体才能有选择地反射出自身特有的颜色来。如迎春花反射了黄色的光，而吸收了其他颜色的光，才呈黄色；玫瑰花反射了红色的光，而吸收了其他颜色的光才呈红色。假若入射光中不含黄色和红色的光，迎春花就反射不出黄光，玫瑰花就反射不出红光，也就呈现不出黄色和红色来。可是各种灯光含这7种颜色光的某一种或某几种较多，含其他颜色的光却非常少，照射物体时物体不能反射出自身特有的光，其色彩就暗淡了。

知识点

玫瑰花

玫瑰，在植物分类学上是一种蔷薇科蔷薇属灌木，在日常生活中是蔷薇属一系列花大艳丽的栽培品种的统称，这些栽培品种亦可称作月季或蔷薇。玫瑰果实可食，无糖，富含维生素C，常用于香草茶、果酱、果冻、果汁和面包等，亦有瑞典汤、蜂蜜酒。玫瑰长久以来就象征着美丽和爱情。古希腊和古罗马民族用玫瑰象征他们的爱神阿芙罗狄蒂、维纳斯。玫瑰在希腊神话中是宙斯所创造的杰作，用来向诸神夸耀自己的能力。

延伸阅读

花　语

花语是指人们用花来表达人的语言，表达人的某种感情与愿望，在一定的历史条件下逐渐约定形成的，为一定范围人群所公认的信息交流形式。赏花要懂花语，花语构成花卉文化的核心，在花卉交流中，花语虽无声，但此时无声胜有声，其中的含义和情感表达甚于言语。不能因为想表达自己的一番心意而在未了解花语时就乱送别人鲜花，结果只会引来别人的误会。

花语最早起源于古希腊，那个时候不止是花，叶子、果树都有一定的含义。在希腊神话里记载过爱神出生时创造了玫瑰的故事，玫瑰从那个时代起就成为了爱情的代名词。花语在 19 世纪初起源于法国，随即流行到英国与美国，是由一些作家所创造出来的，主要用来出版礼物书籍，特别是提供给当时上流社会女士们休闲时翻阅之用。

真正花语盛行是在法国皇室时期，贵族们将民间对于花卉的资料整理编档，里面就包括了花语的信息，这样的信息在宫廷后期的园林建筑中得到了完美的体现。

大众对于花语的接受是在 19 世纪中，那个时候的社会风气还不是十分开放，在大庭广众下表达爱意是件难为情的事情，所以恋人间赠送的花卉就成了爱情的信使。

随着时代的发展，花卉成为了社交的一种赠与品，更加完善的花语代表了赠送者的意图。

报警器的颜色

在生产和生活的安全装置中，报警指示灯一般都采用红色的。这里面有什么道理呢？还是让我们从光的传播说起吧。

当一束光线斜射入一间黑屋子时，由于屋子里空气中尘埃微粒的存在，使我们可以从光线的侧面看到光，这个现象叫光的散射。散射会使光的原来传播

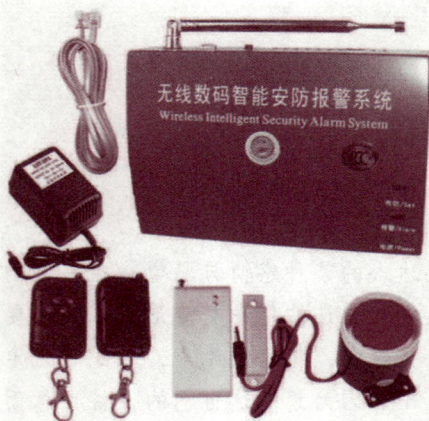

报警器

方向上的强度减弱。空气中散布着的固态微粒和液态微滴等都能使光束发生散射。

那么红、橙、黄、绿、蓝、靛、紫各单色光的散射情况又怎样呢？让我们动手做这样一个实验：将一束强光源发出的光经凸透镜变为一束强烈的平行光束射入装满水的玻璃容器，水内加上几滴牛奶成为乳浊液，光束通过乳浊液发生散射。从正侧方观察时，散射光带青蓝色；从面对入射光方向看，通过容器的光显得比较红。即波长比红光短的蓝光散射强度大，红光由于散射较弱，而比其他各色光具有更强的穿透力。

正是由于红光波长长，能穿过细小的微粒，不易因散射减弱传播能量，用红灯报警传得远，而且可以少受雨、雾、风沙的影响，所以报警器多用红色。

此外，红色能很快引起人的视神经的兴奋，使大脑迅速做出反应。

知识点

散　射

　　分子或原子相互接近时，由于双方很强的相互斥力，迫使它们在接触前就偏离了原来的运动方向而分开，这种现象称为散射。散射是指由传播介质的不均匀性引起的光线向四周射去的现象。如一束光通过稀释后的牛奶后为粉红色，而从侧面和上面看，是浅蓝色。光线通过有尘土的空气或胶质溶液等媒质时，部分光线向多方面改变方向的现象，叫做光的散射。超短波发射到电离层时也发生散射。太阳辐射通过大气时遇到空气分子、尘粒、云滴等质点时，都要发生散射。

延伸阅读

报警器用途

报警器主要利用现有的电话网络或则无线手机网络，通过无线或则有线的方式，连通主人电话，或则手机，实现远程防盗功能的电子产品。目前市面上流行的产品主要有一个接收信号的防盗主机和一系列警情探测头组成。如红外探测器、门磁、烟雾探测器、红外栅栏等。

随着国内安防市场的发展，目前防盗器市场也日渐完善成熟起来。

人是怎样看清物体的

我们每个人都有一双眼睛，通过它我们看到了这五彩缤纷的世界，目睹了斗转星移、日月同辉，它是我们观察世界的窗口。

那么，人眼是怎样看清物体的呢？古代就有许多解释。古希腊学者甚至认为人眼中能射出特别细的触须，用触须去触摸物体时就会引起视觉。

随着实验科学的发展，人们了解到，物体通过凸透镜可以成像这一事实，解剖眼球，使人们了解了眼睛的构造和视物机理，发现它的物理作用和一个凸透镜如此相似。当我们用眼睛观察一个物体时，物体发出的光经过眼球中相当于凸透镜的晶状体成像在眼球后部的视网膜上。而富有弹性的晶状体，在周围睫状肌的调节下，不断地根据需要改变它的弯曲程度。在观看近处的物体时，晶状体变凸，眼睛的焦距变小，使近处的物体在视网膜上变成清晰的像；在观看远处的物体时，晶状体变得扁平，眼睛的焦距变大，使远处的物体在视网膜上也能成清晰的像。如同一架精巧的变焦距照相机，连续不断地把远近不同的物体的像提供给视网膜，刺激分布在视网膜上的感光细胞，通过视神经将信号传给大脑，产生视觉。当晶状体忠于职守地完成变焦任务后，我们就通过眼睛看清周围的物体了。

知识点

晶 状 体

晶状体位于玻璃体前侧，周围接睫状体，呈双凸透镜状。晶状体为一个双凸面透明组织，被悬韧带固定悬挂在虹膜之后、玻璃体之前。晶状体是眼球屈光系统的重要组成部分，也是唯一具有调节能力的屈光间质，其调节能力随着年龄的增长而逐渐降低，形成老视现象。晶体的前凸曲率半径为10毫米，后凸曲率半径为6毫米，前后径为5毫米，直径为10毫米。

延伸阅读

光感受器的进化

在进化过程中光感受器的形成，对于动物精确定向具有重要意义。最简单的感光器官是单细胞原生动物眼虫的眼点，使眼虫可以定向地做趋光运动。涡鞭毛虫眼点的结构更为完善，借助这种眼点对光的感受可以捕食。多细胞动物的感光器官逐渐复杂多样。如水母的视网膜只是一种由色素构成的板状结构，这种结构可给动物提供光线强弱和方向的信息。随着动物的进化，出现了杯状或囊状光感受器并具有晶状体，可使光线聚焦。环节动物、软体动物以及节肢动物常有纽扣状的眼或凸出的视网膜。这类光感受器由许多叫做个眼的结构排列在体表隆起之上构成，仍位于小囊之内。小眼中的光感受细胞为色素所包围，光线只能由一个方向进入小眼，故而能感受光的方向。这种视觉器官在进化过程中，在不同种类的动物表现为特定的形式，如昆虫的复眼。脊椎动物的视觉系统通常包括视网膜，相关的神经通路和神经中枢，以及为实现其功能所必须的各种附属系统。这些附属系统主要包括：眼外肌，可使眼球在各方向上运动；眼的屈光系统，保证外界物体在视网膜上形成清晰的图像。

日光灯的发光原理

日光灯是一种利用光致发光的照明用灯。

作为一种室内照明用灯，日光灯以它独有的魅力占领了相当一部分消费市场。被人们制成柱形或环形的日光灯，加上美丽的装饰外壳，在照明的同时，美化了人们的视觉效果。它是怎样制成并发光的呢？

自然界有很多物质，在受到光的照射后会发出荧光，这类物质称为荧光物质。用光照射使物质发光叫光致发光。日光灯就是一种利用光致发光的照明用灯。

日光灯管实际上是一种低气压放电管。管的两端装有电极，内壁涂有钨酸镁、硅酸锌等荧光物质。制造时抽去空气，充入少量水银和氩气，通电后，管内水银蒸气放电而产生紫外线，所产生的紫外线激发荧光物质，使它发出可见光。不同发光物质受激发会产生不同颜色的光。常见日光灯所发出的光近似日光，其所用荧光物质多为卤磷酸钙。

日光灯

日光灯所发出的光线很柔和，而且是冷光，发光温度约 40℃～50℃，发光过程中热损失小。发光效率明显高于白炽灯，所耗电功率仅为同样亮度的白炽灯的 1/3～1/5。也就是说，一只 15W 的日光灯的亮度相当于一只 60W 的白炽灯的亮度。目前，市场上还出售一种电子节能灯，它也是一种荧光灯。但它的发光效率比普通日光灯提高 40% 左右，它是把日常日光灯所用 50 赫兹、220 伏电压转换成 50 千赫高压电，并激发由稀土元素的化合物配制成的荧光物质而发光的。

知识点

荧　光

　　荧光，是指一种光致发光的冷发光现象。当某种常温物质经某种波长的入射光照射，吸收光能后进入激发态，并且立即退激发并发出比入射光的波长长的出射光；而且一旦停止入射光，发光现象也随之立即消失。具有这种性质的出射光就被称之为荧光。在日常生活中，人们通常广义地把各种微弱的光亮都称为荧光，而不去仔细追究和区分其发光原理。

延伸阅读

日光灯的色温和显色性选择

　　随着时代的发展，日光灯正逐渐被原理相似但体积更小、效率更高的节能灯取代。

　　日光灯的色温和显色性选择：

　　1. 荧光灯的显色性关系视觉效果，对辨别颜色，以及视看对象的真实、清晰和生动感受，影响很大；色温相宜，将产生舒适的光环境，也可以营造各种特别的气氛。

　　2. 使用稀土三基色荧光粉的灯管，具有显色性、光效好、寿命长三大好处，虽然价格较贵，其综合费用反而更低。

太阳能的利用

　　据记载，人类利用太阳能已有 3 000 多年的历史了。但将太阳能作为一种能源和动力加以利用，只有 300 多年的历史。真正将太阳能作为"近期急需的补充能源""未来能源结构的基础",则是近来的事。20 世纪 70 年代以来,太阳能科技突飞猛进,太阳能利用日新月异。近代太阳能利用历史可以从 1615 年法国工程师所罗门·德·考克斯在世界上发明第一台太阳能驱动的发动机算起。该发明是一台利用太阳能加热空气使其膨胀做功而抽水的机器。在 1615～1900 年之间,世界上又研制成多台太阳能动力装置和一些其他太阳能装置。这些动力装置几乎全部采用聚光方式采集阳光,发动机功率不大,工质主要是水蒸气,价格昂贵,实用价值不大,大部分为太阳能爱好者个人研究制造。

太阳能一般指太阳光的辐射能量。在太阳内部进行的由"氢"聚变成"氦"的原子核反应,不停地释放出巨大的能量,并不断向宇宙空间辐射能量,这种能量就是太阳能。太阳内部的这种核聚变反应,可以维持几十亿至上百亿年的时间。太阳向宇宙空间发射的辐射功率为 3.8×10^{23} 千瓦的辐射值,其中二十亿分之一到达地球大气层。到达地球大气层的太阳能,30% 被大气层反射,23% 被大气层吸收,其余的到达地球表面,其功率为 80 万亿千瓦,也就是说太阳每秒钟照射到地球上的能量就相当于燃烧 500 万吨标准煤释放的热量。平均在大气外每平方米面积每分钟接收的能量大约 1 367 瓦。广义上的太阳能是地球上许多能量的来源,如风能、化学能、水的势能等等。狭义的太阳能则仅限于太阳辐射能的光热、光电和光化学的直接转换。

太阳能利用的优点是:

(1)普遍:太阳光普照大地,没有地域的限制。无论陆地或海洋,无论高山或岛屿,处处皆有,可直接开发和利用,且勿须开采和运输。

(2)无害:开发利用太阳能不会污染环境,它是最清洁的能源之一。在环境污染越来越严重的今天,这一点是极其宝贵的。

(3)巨大:每年到达地球表面上的太阳辐射能约相当于 130 万亿

收集太阳能

吨标准煤，其总量属现今世界上可以开发的最大能源。

（4）长久：根据目前太阳产生的核能速率估算，氢的贮量足够维持上百亿年，而地球的寿命大约还有几十亿年。从这个意义上讲，可以说太阳的能量是用之不竭的。

而缺点则有：

（1）分散性：到达地球表面的太阳辐射的总量尽管很大，但是能流密度很低。平均说来，北回归线附近，夏季在天气较为晴朗的情况下，正午时太阳辐射的辐照度最大，在垂直于太阳光方向 1 平方米面积上接收到的太阳能平均有 1 000 瓦左右；若按全年日夜平均，则只有 200 瓦左右。而在冬季大致只有一半，阴天一般只有 1/5 左右，这样的能流密度是很低的。因此，在利用太阳能时，想要得到一定的转换功率，往往需要面积相当大的一套收集和转换设备，造价较高。

（2）不稳定性：由于受到昼夜、季节、地理纬度和海拔高度等自然条件的限制以及晴、阴、云、雨等随机因素的影响，所以，到达某一地面的太阳辐照度既是间断的，又是极不稳定的，这给太阳能的大规模应用增加了难度。为了使太阳能成为连续、稳定的能源，从而最终成为能够与常规能源相竞争的替代能源，就必须很好地解决蓄能问题。即把晴朗白天的太阳辐射能尽量贮存起来，以供夜间或阴雨天使用，但目前蓄能也是太阳能利用中较为薄弱的环节之一。

（3）效率低和成本高：目前太阳能利用的发展水平，有些方面在理论上是可行的，技术上也是成熟的。但有的太阳能利用装置，因为效率偏低，成本较高，总的来说，经济性还不能与常规能源相竞争。在今后相当长一段时期内，太阳能利用的进一步发展，主要受到经济性的制约。

知识点

发动机

发动机，又称为引擎，是一种能够把其他形式的能转化为另一种能的机器，通常是把化学能转化为机械能。有时它既适用于动力发生装置，也可指包括动力装置的整个机器，比如汽油发动机、航空发动机。发动机最早诞生在英国，所以，发动机的概念也源于英语，它的本义是指那种"产生动力的机械装置"。

延伸阅读

空间太阳能电源

第一个空间太阳能电池载于 1958 年发射的 Vangtuard I，体装式结构，单晶硅衬底，效率约 10%（28℃）。到了 1970 年代，人们改善了电池结构，采用 BSF、光刻技术及更好减反射膜等技术，使电池的效率增加到 14%。在 70 年代和 80 年代，地面太阳能电池大约每 5.5 年全球产量翻番；而空间太阳能电池在空间环境下的性能，如抗辐射性能等得到了较大改善。由于 80 年代太阳能电池的理论得到迅速发展，极大地促进了地面和空间太阳能电池性能的改善。到了 90 年代，薄膜电池和Ⅲ－Ⅴ电池的研究发展很快，而且聚光阵结构也变得更经济，空间太阳能电池市场竞争十分激烈。在继续研究更高性能的太阳能电池，主要有两种途径：研究聚光电池和多带隙电池。

太阳能产品介绍

1. 太阳能热水器

太阳能热水器是利用太阳的能量将水从低温度加热到高温度的装置，太阳能热水器是一种热能产品。太阳能热水器是由全玻璃真空集热管、储水箱、支架及相关附件组成的，把太阳能转换成热能主要依靠玻璃真空集热管。集热管受阳光照射面温度高，集热管背阳面温度低，而管内水便产生温差反应，利用热水上浮冷水下沉的原理，使水产生微循环而达到所需热水。

2. 太阳能电池

太阳能发电方式有两种，一种是光—热—电转换方式，另一种是光—电直接转换方式。

（1）光—热—电转换方式。通过利用太阳辐射产生的热能发电，一般是由太阳能集热器将所吸收的热能转换成工质的蒸汽，再驱动汽轮机发电。前一个过程是光—热转换过程；后一个过程是热—电转换过程，与普通的火力发电一样。太阳能热发电的缺点是效率很低而成本很高，估计它的投资至少要比普通火电站高 5~10 倍。一座 1 000 兆瓦的太阳能热电站需要投资 20 亿至 25 亿美元，平均 1 千瓦的投资为 2 000~2 500 美元。因此，目前只能小规模地应用于特殊的场合，而大规模利用在经济上很不合算，还不能与普通的火电站或核电站相竞争。

（2）光—电直接转换方式。该方式是利用光电效应，将太阳辐射能直接转换成电能，光—电转换的基本装置就是太阳能电池。太阳能电池是一种由于光生伏特效应而将太阳光能直接转化为电能的器件，是一个半导体光电二极管，当太阳光照到光电二极管上时，光电二极管就会把太阳的光能变成电能，产生电流。当许多个电池串联或并联起来就可以成为有较大输出功率的太阳能电池方阵了。太阳能电池是一种大有前途的新型电源，具有长久性、清洁性和灵活性三大优点：太阳能电池寿命长，只要太阳存在，太阳能电池就可以一次投资而长期使用；与火力发电、核能发电相比，太阳能电池不会引起环境污染；太阳能电池可以大中小并举，大到百万千瓦的中型电站，小到只供一户用的太阳能电池组，这是其他电源无法比拟的。

3. 太阳能空调

太阳能空调是利用先进的超导传热贮能技术，集成了太阳能，生物质能，超导地源制冷系统的优点，最新研发成功的一种高效节能的冷暖空调系统。该系统的核心技术采用了专业设计的超导复合能量储存转换器，它的输入端可以连接到太阳能集热板，生物质热能发生器，超导地源低温制冷系统。它的输出端与室内超导冷暖分散系统相连接。所有的连接设备，均采用温控系统集中自动控制，是冬季采暖、夏季制冷的节能环保产品。

4. 太阳能汽车

太阳能发电在汽车上的应用，将能够有效降低全球环境污染，创造洁净的生活环境，随着全球经济和科学技术的飞速发展，太阳能汽车作为一个产业已经不是一个神话。燃烧汽油的汽车是城市中一个重要的污染源头，汽车排放的废气包括二氧化硫和氮氧化物都会引致空气污染，影响我们的健康。现在各国的科学家正致力开发产生较少污染的电动汽车，希望可以取代燃烧汽油的汽车。但由于现在各

太阳能汽车

大城市的主要电力都是来自燃烧化石燃料的，使用电动汽车会增加用电的需求，即间接增加发电厂释放的污染物。有鉴于此，一些环保人士就提倡发展太阳能汽车，太阳能汽车使用太阳能电池把光能转化成电能，电能会在蓄电池中存起备用，用来推动汽车的电动机。由于太阳能车不用燃烧化石燃料，所以不会放出有害物。据估计，如果由太阳能汽车取代燃油汽车，每辆汽车的二氧化碳排放量可减少43%～54%。

知识点

环 保

环境保护是指人类为解决现实的或潜在的环境问题，协调人类与环境的关系，保障经济社会的持续发展而采取的各种行动的总称。其方法和手段有工程技术的、行政管理的，也有法律的、经济的、宣传教育的等。

延伸阅读

电能的主要形式

日常生活中使用的电能，主要来自其他形式能量的转换，包括水能（水力发电）、热能（火力发电）、原子能（核电）、风能（风力发电）、化学能（电池）及光能（光电池、太阳能电池等）等。

电能也可转换成其他所需能量形式，如热能、光能、动能，等等。

电能可以靠有线或无线的形式，作远距离的传输。

解密光学玻璃

最早被人们用来制作光学零件的光学材料是天然晶体，据称古代亚西利亚用水晶做透镜，而在古代中国则应用天然电气石（茶镜）和黄水晶。考古家证明 3 000 多年前在埃及和中国（战国时期）人们已能制造玻璃。但是玻璃作为眼镜和镜子还是 13 世纪在威尼斯开始的。恩格斯在《自然辩证法》中对此曾给予很高的评价，认为这是当时的卓越发明之一。此后由于天文学家与航海学的发展需要，伽利略、牛顿、笛卡儿等也用玻璃制造了望远镜和显微镜。从 16 世纪开始玻璃已成为制造光学零件的主要材料了。

到了 17 世纪，光学系统的消色差成为光学仪器的中心问题。这时由于改进了玻璃成分，在玻璃中加入了氧化铅，赫歇尔才于 1729 年获得第一对消色差透镜，从此，光学玻璃就被分为冕类和燧石玻璃两个大类。

1768 年纪南在法国首先用黏土棒搅拌的方法制得了均匀的光学玻璃，从而开始建立了独立的光学玻璃制造工业。在 19 世纪中叶，几个发达的资本主义国家都先后建立了自己的光学玻璃工厂，如法国帕腊—芒图公司（1872）、英国蔡司公司（1848）、德国萧特公司（1848）等。

19 世纪光学仪器有了很大发展。第一次世界大战前夕，德国为了迅速发展军用光学仪器，要求打破光学玻璃品种贫乏的限制。这时，著名物理学家阿

员参加了萧特厂的工作。在这时期，光学玻璃品种有了很大的扩展，因而在光学仪器方面出现了较完整的照相机及显微镜物镜。

直至 20 世纪 30 年代以前，大部分工作仍在萧特厂基础上进行。到 1934 年获得了一系列重冕玻璃。到此为止，可以认为是光学玻璃发展的一个阶段。

光学玻璃

二次世界大战前后，随着各种光学仪器如航空摄影、紫外与红外光谱仪器、高级照相物镜等的发展，对光学玻璃又产生了新的需要。这时，光学玻璃也就相应地有了新的发展。1942 年，美国摩莱及以后苏联与德国的科学工作者都相继把稀土及稀土氧化物引入玻璃中，因而扩大了玻璃品种，得到了一系列高折射率低色散的光学玻璃。与此同时，也进行了低折射率大色散玻璃的研究并得到了一系列氟钛硅酸盐系统的光学玻璃，如德国 F16 等品种。

那么，什么是光学玻璃呢？现代科学家们给出的定义是，光学玻璃是用于制造光学仪器或机械系统的透镜、棱镜、反射镜、窗口等的玻璃材料。包括无色光学玻璃（通常简称光学玻璃）、有色光学玻璃、耐辐射光学玻璃、防辐射玻璃和光学石英玻璃等。光学玻璃具有高度的透明性、化学及物理学（结构和性能）上的高度均匀性，具有特定和精确的光学常数，具有稳定的光学性质和高度光学均匀性。

光学玻璃按其光学特性可分为：

（1）无色光学玻璃。对光学常数有特定要求，具有可见区高透过、无选择吸收着色等特点。按阿贝数大小分为冕类和燧石类玻璃，各类又按折射率高低分为若干种，并按折射率大小依次排列。多用作望远镜、显微镜、照相机等的透镜、棱镜、反射镜等。

（2）耐辐照光学玻璃。在一定的 γ 射线、X 射线辐照下，可见区透过率变化较少，品种和牌号与无色光学玻璃相同，用于制造高能辐照下的光学仪器和窥视窗口。

（3）有色光学玻璃。又称滤光玻璃。对紫外、可见、红外区特定波长有选择吸收和透过性能，按光谱特性分为选择性吸收型、截止型和中性灰3类；按色机理分为离子着色、金属胶体着色和硫硒化物着色3类，主要用于制造滤光器。

（4）紫外和红外光学玻璃。在紫外或红外波段具有特定的光学常数和高透过率，用作紫外、红外光学仪器或用作窗口材料。

（5）光学石英玻璃。以二氧化硅为主要成分，具有耐高温、膨胀系数小、机械强度高、化学性能好等特点，用于制造对各种波段透过有特殊要求的棱镜、透镜、窗口和反射镜等。此外，还有用于大规模集成电路制造的光掩膜板、液晶显示器面板、影像光盘盘基薄板玻璃；光沿着磁感线方向通过玻璃时偏振面发生旋转的磁光玻璃；光按一定方向通过传输超声波的玻璃时，发生光的衍射、反射、汇聚或光频移的声光玻璃等。

由于各种新品种光学玻璃在加工或使用性能上或多或少地存在着缺陷，因此在研究扩展光学玻璃领域的同时，还针对改善各种新品种光学玻璃的物理和物理化学性质以及生产工艺进行了许多工作。

知识点

黄水晶

黄水晶的硬度为七，宝石级的黄水晶极为稀有，以橘黄色的为上品。其能量的振动频率影响人类的太阳神经丛。黄水晶在宝石界被称为水晶黄宝石，其颜色从浅黄、正黄、橙黄到金黄都有。由于亮度与彩度都十分出色，只要是透明而光洁，都称上品，而且又远比黄玉剔透，因此备受消费者青睐，常被切割成坠饰或戒面。由于天然黄水晶极为稀少，价格也比较昂贵。

延伸阅读

光学玻璃的质量要求

光学玻璃和其他玻璃的不同之处在于它作为光学系统的一个组成部分，必须满足光学成像的要求。因此，光学玻璃质量的判定也包括某些特殊的和较严格的指标。对光学玻璃有以下要求：

1. 特定的光学常数以及同一批玻璃光学常数的一致性

每一品种光学玻璃对不同波长光线都有规定的标准折射率数值，作为光学设计者设计光学系统的依据。所以工厂生产的光学玻璃的光学常数必须在这些数值一定的容许偏差范围以内，否则将使实际的成像质量与设计时预期的结果不符而影响光学仪器的质量。同时由于同批仪器往往采用同批光学玻璃制造，为了便于仪器的统一校正，同批玻璃的折射率容许偏差要较它们与标准值的偏差更加严格。

2. 高度的透明性

光学系统成像的亮度和玻璃透明度成比例关系。光学玻璃对某一波长光线的透明度用光吸收系数 $K\lambda$ 表示。光线通过一系列棱镜和透镜后，其能量部分损耗于光学零件的界面反射而另一部分为介质（玻璃）本身所吸收。前者随玻璃折射率的增加而增加，对高折射率玻璃此值甚大，如对重燧玻璃一个表面光反射损耗约为 6%。因此对于包含多片薄透镜的光学系统，提高透过率的主要途径在于减少透镜表面的反射损耗，如涂敷表面增透膜层等。而对于大尺寸的光学零件如天文望远镜的物镜等，由于其厚度较大，光学系统的透过率主要决定于玻璃本身的光吸收系数。通过提高玻璃原料的纯度以及在从配料到熔炼的整个过程中防止任何着色性杂质混入，一般可以使玻璃的光吸收系数小于 0.01。

不寻常的线光纤

人们很早就已发现弯曲的玻璃可以传光。在一个不透光的暗箱中安装一只电灯，把一根弯曲的玻璃棒的上端插入箱中，打开电灯，在棒的下端会有光线射出。这是因为从上端进入棒的光线在棒的内壁多次发生全反射，沿着锯齿形的路线顺玻璃棒传到了棒的下端。

按照这一原理，人们制造出一种特殊的玻璃丝。先用石英为原料制成直径只有几微米到几十微米的细丝内芯，再在细丝的外面包上一层折射率比它小的材料制成的外套，光线在内芯和外套的界面上发生全反射，传播途中就不会因漏射而损失入射光的能量，这就是光导纤维，简称光纤。

光纤出现后，很快被人们用在光信号的远距离传送上。实现了光信号的有线传送，这就是光纤通信。

一根光纤只能传送一个很小的光点，若把数以万计的光纤整齐排列，形成一束规则排列的光缆，光缆两端光纤排列的相对位置相同，就可以传送光信号图像了。

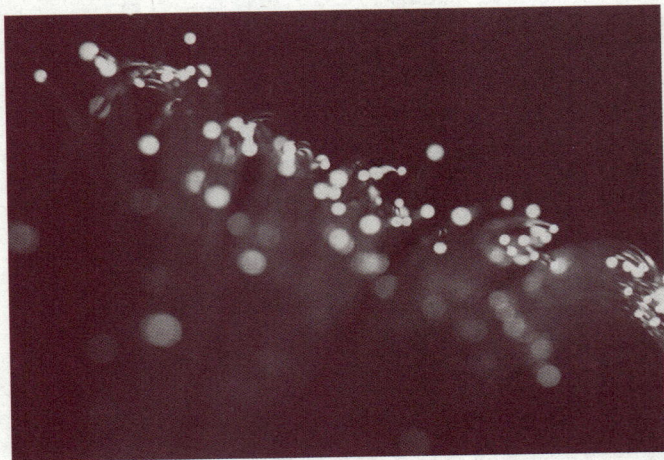

光　纤

光缆不仅能远距离传送图像，还能传送声音。在声音的发送端，通过声电转换和电光转换，把声音信号转变成强弱变化的光信号，通过光缆传到接收端，接收端再通过相应的转换，把光信号还原成声音信号。

光纤通信最大的优点是信息容量大。一根头发丝那么细的光纤维可以传送625 根铜导线所能传送的电话。一条光通信线路，可通 1 亿路电话，就是说，两亿人可同时通过一条线路讲话而互不干扰，且很清晰。除此而外，光缆还具有成本低、质量轻、铺设方便、保密性强的优点。国外已有许多城市实现了光纤通信，新铺设的海底光缆跨越大洋两岸。我国第一条通信光缆已于 1993 年10 月 15 日在京开通，全长 3 074 千米，连接北京、广州、武汉三大城市。全面应用光纤通信的时代已经向我们走来。

知 识 点

全 反 射

全反射：光由光密媒质射到光疏媒质的界面时，全部被反射回原媒质内的现象。

光由光密媒质进入光疏媒质时，要离开法线折射。当入射角 θ 增大到某种情形时，折射线沿表面进行，即折射角为 90°，该入射角 θ 称为临界角。若入射角大于临界角，则无折射，全部光线均返回光密媒质，此现象称为全反射。当光线由光疏媒质射到光密媒质时，因为光线靠近法线而折射，故这时不会发生全反射。

延伸阅读

光纤的衰减

造成光纤衰减的主要因素有：本征、弯曲、挤压、杂质、不均匀和对接等。

1. 本征

是光纤的固有损耗，包括：瑞利散射、固有吸收等。

2. 弯曲

光纤弯曲时部分光纤内的光会因散射而损失掉，造成损耗。

3. 挤压

光纤受到挤压时产生微小的弯曲而造成损耗。

4. 杂质

光纤内杂质吸收和散射在光纤中传播的光，造成损耗。

5. 不均匀

光纤材料的折射率不均匀造成损耗。

6. 对接

　　光纤对接时产生的损耗，如：不同轴（单模光纤同轴度要求小于0.8微米），端面与轴心不垂直，端面不平，对接心径不匹配和熔接质量差等。

7. 人为衰减

　　在实际工作中，有时也有必要进行人为的光纤衰减，如用于光通信系统当中的调试光功率性能、调试光纤仪表的定标校正，光纤信号衰减的光纤衰减器。

军事中应用的光

JUNSHI ZHONG YINGYONG DE GUANG

　　军事实力是一个国家生死存亡的关键所在，所以世界上几乎所有的国家都很重视自己国家军事实力的提高。高科技手段也不断地应用其中，光学在军事中的应用就显得尤为重要了，军用望远镜、军用激光、军用机载激光武器等等，都是光学应用的显著成果。这些高科技的应用，极大地提高了军事实力，让战争逐渐由冷兵器走向高科技。

军用望远镜中应用的光

　　在了解军用望远镜之前，我们首先了解一下它的历史。透过历史，或许会看到很多有趣的东西。

　　流入我国的第一架望远镜是明天启六年（1626）由德国传教士汤若望携带入京的。汤若望和李祖白两人共同翻译了《远镜说》一书，把西方望远镜的制作方法介绍到中国。明崇祯二年（1629），大学士徐光启奏请装配3具望远镜来测天象，由汤若望监制的望远镜崇祯皇帝还去看过。中国民间较早独立制造望远镜，见诸记载的是明末苏州人孙云球。据康熙《吴县志》载，登上虎丘用孙云球自制的"千里镜"试看，"远见城中楼台、塔院，若接几席，天平、灵岩、穹窿诸峰，峻赠苍翠，万象毕见。"

中国最早将望远镜用于军事的则是明末苏州人薄珏，薄珏创造性地把望远镜放置在自制的火炮上，提高了射击精度。清代特别是鸦片战争之后，外国的望远镜逐渐进入中国。如清康乾时期的宫廷画师郎世宁所绘香妃戎装像上，顶盔贯甲的香妃就令人瞩目地握着一架单筒望远镜。从1859年英国人俄李范所著《跟随额尔金勋爵出使中国日本亲历记》一书的插图可知，当时入侵广州的英法联军所使用的是单筒伽利略式望远镜。

1937年5月，国民党军政部兵工署军用光学器材厂筹务处按照荷兰的图纸资料，在3个月的时间内仿造出荷兰式3倍直筒望远镜样品。同年，柏林大学公费留学生龚祖同奉命到德国亨索尔茨厂实习，在威德特教授的指导下，与金广路一起设计了 6×30 双筒军用望远镜。1939年1月，昆明二十二兵工厂开始试制双筒望远镜。3个月后，试装出中国第一具双筒军用望远镜，从1939～1949年，共生产了2万余架。这种望远镜曾以当时军政部部长何应钦的号"敬之"命名，后改称"中正式"。这种望远镜采用左右调焦，右目镜中有密位分划，用于测距，镜体上饰硫化皮制的防热层，花纹大面凸现，外观粗犷。"中正式"及"军政部造"的椭圆形标记用极细的金属丝嵌入镜体端面。

军用望远镜

在抗日战争前，国民党军队不仅战术思想师法德国，连武器装备也是由德国进口或仿德国样式制造的。望远镜也不例外，从德国引进较多的是著名的"蔡司"望远镜。抗日战争中后期，国民党军主力部队曾批量装备由美国提供的威斯汀豪森公司生产的米3型 6×30 和米16型 7×50 军用望远镜。这两种望远镜在二战时曾大量装备盟国部队。值得一提的是，战后日本自卫队和台湾军队亦仿制美国望远镜装备部队。美式望远镜不同于欧式望远镜，只能从后面（目镜）方向打开，这种结构牢靠且密封性能好，但制造复杂，成本高。无论是国民党军的"中正式"还是不同时期进口的德国、美国以及英国和加拿大的军用望远镜，都曾被我人民解放军大量缴获，成了为我所用的战利品。例如，红军在中央苏区反"围剿"中缴获的一架德国8倍"蔡司"，抗日战争时，一直为周恩来所使用；彭德怀指挥西北解放战争时，一直使用的是一架德国6倍"蔡司"。解放战争中我东北野战军缴获美式望远镜较多，如罗荣桓使用的是米 3 型 6 倍望远镜；指挥塔山阻击战闻名的胡奇才将军使用的是米 16 型 7 倍望远镜。抗日战争中，我军缴获侵华日军 6 倍军用望远镜多种，其中标明"富士"的日军望远镜，其实是德国"蔡司"的翻版，我八路军五师首战平型关即缴获日军板垣师团第 21 旅团装备的此种望远镜，以及日军的专供炮兵使用的所谓"炮二型" 6 倍望远镜。

新中国建立初期，我人民解放军装备的望远镜多是引进苏联、捷克和民主德国的。如 20 世纪 50 年代进口苏联的 Б6（6×30）和 8（8×30）望远镜，民主德国耶拿制造的"蔡司" 6×30、8×30 及 7×50、10×50、15×50 几种望远镜。50 年代，中国进口的军用望远镜，无论是光学系统还是外观，德国"蔡司"最好，苏联的次之。

20 世纪 60 年代初，我国的望远镜也同其他武器装备一样，走上了自行设计生产的道路。我国自行生产了六二式 8×30 型、六二式 8×30 观红型、六三式 15×50 型军用望远镜。这 3 种望远镜均按照当时民主德国和苏联的同类望远镜结构及样式制造，广角大视场，光学性能及坚固性达到了非常高的水平。特别是六二式观红型的左物镜后焦面装有一个感光屏，通过目镜可以看到红外光源的影像即可观察到敌方使用红外夜视器材的情况。我国当时还为边防瞭望哨所配备了极少量的大型双筒望远镜，主要是民主德国的耶那、蔡司型，后来我国也仿其生产了几种大型双筒望远镜，其中以 98 厂的（25～40）×100 型最好。

近年来，我国采用先进技术，又为部队设计生产了 88 式 12×40 望远镜，这是国产的唯一一款美式结构的军用望远镜。我国目前研制的最新型军用双筒望远镜是九五式 7 倍系列，仍旧是全金属结构硫化镉饰皮，主要是外观及工艺上有了较大的提高，并采了新的光学材料，镜片采用了米 C 镀膜，经试用其亮度及色彩还原非常好，成像锐度高，较以往我国的军用望远镜成像严重偏黄的现象有了较大改善。九五式望远镜还采用了高密封技术，具有良好的防尘防水性能，测距方式上首次采用了新的测距曲线，可以直接读出距离。据研制部门称，各方面均达到国际先进水平。

在市面上，我们通常会发现，出售的望远镜里面，军用望远镜的价位要高一点，甚至要高出很多，这是为什么呢？难道军用望远镜有什么特别的地方吗？

事实上，军用望远镜虽然基本原理与普通民用望远镜没有什么区别，但由于使用环境、观测对象不同，两者存在很多区别。

首先，它们的光学系统各有不同。军用望远镜大多有分划板，夜间使用的其分划板还带灯光照明。军用望远镜的出瞳距离比较大，以便观测者佩戴防毒面具。为防止射击时撞击头部，有的瞄准镜出瞳距离大到 70～80 毫米，还要备有软硬适度的眼罩和护额。

从光学性能和结构性能上来说，军用望远镜比较优良，可靠性较高，因为它的设计更加审慎，用材质优、工艺考究。例如像质好、杂散光少，放大倍率与入瞳大小匹配以达到最佳分辨率。军用望远镜的外壳采用金属而不用塑料，以确保长期使用后不开裂、不变形。与之相比，普通民用望远镜在密封和用材方面要差些，有的不仅是塑料壳，甚至内部镜片也用塑料制造。

由于质量要求高，军用望远镜在出厂前都要经过环境试验。一般包括振动试验、高温（55℃）试验、低温（－45℃）试验、淋雨或浸水试验、气密试验。经过这些试验，产品性能仍能保证在规定范围内的才能出厂。有的产品镜体内还自带干燥器，出厂前抽出空气再灌入干燥空气或氮气，有效地防止了日后内部镜片长霉生雾。普通民用望远镜一般不做环境试验，或仅做部分试验。这一点是人们从市场上难以了解到的，仅从产品外貌上也看不出来。

由于这些区别，军用望远镜的设计制造要投入高得多的成本，所以其售价也比普通民用望远镜高。

通常我们所说的军用望远镜限指手持、双筒、以观察搜索为主要目的的望远镜，其工作原理、外观和普通民用望远镜没有多大区别。由于用途不同，其他军用望远仪器具有不同的名称，例如瞄准镜、光学测距仪、炮队镜、周视镜、潜望镜、侦察经纬仪等等。这些仪器都具有观察搜索远距离目标的功能，同时又具有自身的特殊功能。

瞄准镜种类繁多，用于轻武器、火炮、坦克、飞机、舰艇等。它们共同的特点是利用望远镜中设置的分划板，在分划板上刻上相应的瞄准分划或标志。有的刻有多个分划标志，用来装定弹道修正量、运动目标提前量、横风修正量。有的刻有测距和测高分划标志。随着电子技术、传感器和计算机的发展，瞄准镜的分划已不限于传统的分划板了，瞄准点将由计算机产生，再"注入"望远镜中或屏幕上，而瞄准点的装定修正将自动完成。此外，有的瞄准镜兼有稳像功能，可以让载体在行进中进行瞄准射击。

光学测距仪与上述的利用分划板测距的望远镜不同，它由左右两个分布间距较大的两支望远镜组成。由于左右两物镜对目标的位置有差异，目标在两物镜像平面上的像位置也有微小差异。测量这个微小差异就能换算出目标距离。测量的方法有两种：一种是移动右支像去与左支像重合，称为合像式光学测距仪；另一种是借助人眼的立体视觉使左右两支像合影，比较立体像的纵深，称为体视光学测距仪。光学测距仪的测距精度随目标距离增大将显著降低。为提高精度，不得不增大左右支物镜的距离，增加望远镜的放大倍率，这就导致仪器尺寸太大而笨拙。因此，近年来光学测距仪已逐渐被激光测距仪所代替。

炮队镜也称剪形镜，配置两个左右分布的有潜望高的望远镜。两镜合拢后可获得最大潜望镜高度，检查以及测量目标的距离、高度、方位。它操作简便，而且不受雨、雾及黑夜的影响，分开后即增大两个入射瞳孔的距离，可以进行测距，提高仪器的体视放大率。它也能俯仰和水平转动，测量方位角。方向盘配置的是单筒望远镜，另外还配有一个指北针，而且望远镜可以俯仰和水平转动。借助方向盘可以标定目标的磁北方位角和地理方位角。炮队镜和方向盘一起用来布置阵地的炮位，是牵引火炮炮兵中常见的设备。

周视镜不同于一般的折轴望远镜，它内部的棱镜或反射镜按一定的规律转动，把不同方位的目标像引到固定的观测位置，同时还能保持目标像处于正立状态，这样观察者就可以在保持不动的情况下环视360°。

随着现代电子技术的发展，某些望远仪器已经被逐渐淘汰，但望远镜的基本成像原理仍旧在军事观测、制导中得到广泛应用。

知识点

汤若望

汤若望，原名亚当·沙尔，德国科隆的日尔曼人。在科隆有故居，有雕像。在意大利耶稣会档案馆有他大量的资料。在中国生活了47年，历经明、清两个朝代。安葬于北京利马窦墓旁。雍正朝封为"光禄大夫"，官至一品。

汤若望在中西文化交流史、中国基督教史和中国科技史上是一位不可忽视的人物。他以虔诚的信仰，渊博的知识，出众的才能，奠定了他在中西文化交流史上的重要地位。他在华40余年，经历了明、清两个朝代，是继利玛窦来华之后最重要的耶稣传教士之一。他继承了利氏通过科学传教的策略，在明清朝廷历法修订以及火炮制造等方面多有贡献，中国现在沿用至今的农历就是由其编写并被古人用来指导农业生产，并一直使用到现在的。还著有《主制群徵》、《主教缘起》等宗教著述。汤若望在天文历法等方面所做的实际工作以及撰写的一系列注重实践的著述，在当时是很有现实意义的。他以孜孜不倦的努力，在西学东渐之中做出了一些不可磨灭的成绩。

延伸阅读

夜视镜的作用

由于夜间和不良天气占全年时间的比例相当大，所以，夜视装备使夜间变得透明，大大延长了有效的作战时间。红外夜视器材分辨率高，具有探测掠海飞行目标的优势。舰载跟踪用红外热像仪既可用于为发射导弹提供目标资料，还可用于探测敌方掠海飞行导弹。配备热成像设备在内的光电火控系统，便于识别目标并缩短武器系统的反应时间。

红外线的军事妙用

红外线在军事上的应用十分广泛，军用红外技术现可用于目标探测、通信和夜视。

首先，军事目标的探测与跟踪：红外探测技术有广泛的用途，其根本原因之一就在于一切物体都在不断地产生红外辐射。物体温度越高，其红外辐射的波长就越短。利用红外探测技术，就有可能发现这些物体。这一可能性首先受到军事上的重视。因为一切军事目标，如空中的飞机、导弹，海洋中的舰艇，甚至部队的行动，都散发热量，发出大量的红外辐射。利用红外探测技术可以侦察、跟踪和监视这些目标，或者引导炸弹投向这些目标。

其次，红外通信：在发射端，用红外辐射的平行光束做载波，其强度受发送信息的调制。

在接收端收到这束红外辐射时，就能从强度的变化获得所需的信息。与微波通信相比，红外通信具有更好的方向性，适用于国防边界哨所与哨所之间的保密通信。

再次，军用夜视仪：在夜间军事行动中用来"照明"或侦察敌方行动的仪器。这种夜视仪有着广泛的用途，但其缺点是易被对方发现。被动式夜视仪则是利用目标本身发射的辐射，利用单元红外探测器加光机扫描或多元列阵探测器摄取目标的热图像，并转变成可见图像显示出来。这种夜视仪，实质上就是热像仪。根据军事上的需要，红外成像装置有各种不同形式的发展，热像仪就是这类装置的总称。

知识点

夜视仪

以像增强器为核心器件的夜间外瞄准具，其工作时不用红外探照灯照明目标，而利用微弱光照下目标所反射光线通过像增强器在荧光屏上增强为人眼可感受的可见图像来观察和瞄准目标。红外夜视仪是利用光电转换技术的军用夜视仪器。它分为主动式和被动式两种：前者用红外探照灯照射目标，接收反射的红外辐射形成图像；后者不发射红外线，依靠目标自身的红外辐射形成"热图像"，故又称为"热像仪"。

延伸阅读

军事侦察简史

早期的侦察，主要由军事指挥员以自己的感官对战场进行直接观听来判断敌情，所以至今人们仍把侦察比作军队的"耳目"。后来发展到派出人员到敌前沿或侧后进行侦察。中国古籍《左传》记载，夏朝的少康曾派女艾和季杼分别打入过、戈两国内部进行侦察。春秋战国时期，各诸侯国相互进行侦察是相当频繁的，许多著名的将帅、谋臣甚至国君亲自进行侦察，如赵国国君武灵王曾化装成使臣混入秦国侦察情况。许多著名军事家对侦察的地位和作用已有精辟的论述，春秋时孙武所说的"知彼知己，百战不殆"，战国时孙膑所说的"不用间不胜"，高度地概括了组织侦察、判断情况对于取得作战胜利的重要作用。世界其他文明古国在战争中也有不少侦察史例。如公元前1 500多年，埃及国王图特摩斯一世登位后，就曾亲自率领军队去南方边境进行侦察。第二次世界大战及其以后，各种侦察手段得到广泛运用和进一步发展，并出现了航天侦察（侦察卫星）和各种遥感侦察技术，使军事侦察发展到了一个新的水平。

百用之光——激光

我们知道，由激光器产生的光叫激光。激光有三大特点：第一是亮度极高，比太阳光的亮度高100万倍；第二是方向性好，激光器产生的光几乎是一束理想的平行光；第三是单色性好，激光器产生的某一波长的单色光，其波长浮动范围极小。

激光是在一种专门设计的激光器中产生的。激光器主要由激励系统、激光物质和光学谐振腔3部分组成。简单地说，激励系统的作用就是为能产生激光创造条件、提供能量，激光物质就是能产生激光的物质。

在工业上，激光可以轻而易举地切割几厘米厚的钢板，能把陶瓷和金属焊接在一起，能在一块茶杯口大小的面积上钻出上万个比头发丝还细的小眼。激光还被应用到光纤通信之中，在核电站里，人们用激光来引发核聚变。

激光加工技术是利用激光束与物质相互作用的特性对材料进行切割、焊接、表面处理、打孔、微加工以及作为光源、识别物体等的一门技术，传统应用最大的领域为激光加工技术。激光技术是涉及光、机、电、材料及检测等多门学科的一门综合技术。传统上看，它的研究范围一般可分为：

激光加工系统。包括激光器、导光系统、加工机床、控制系统及检测系统。

激光加工工艺。包括切割、焊接、表面处理、打孔、打标、划线、微调等各种加工工艺。

激光焊接：汽车车身厚薄板、汽车零件、锂电池、心脏起搏器、密封继电器等密封器件以及各种不允许焊接污染和变形的器件。

激光切割：汽车行业、计算机、电气机壳、木刀模具、各种金属零件和特殊材料的切割、圆形锯片、有机玻璃、弹簧垫片、2 毫米以下的电子机件用铜板、一些金属网板、钢管、镀锡铁板、镀亚铅钢板、磷青铜、电木板、薄铝合金、石英玻璃、硅橡胶、1 毫米以下氧化铝陶瓷片、航天工业使用的钛合金等等。

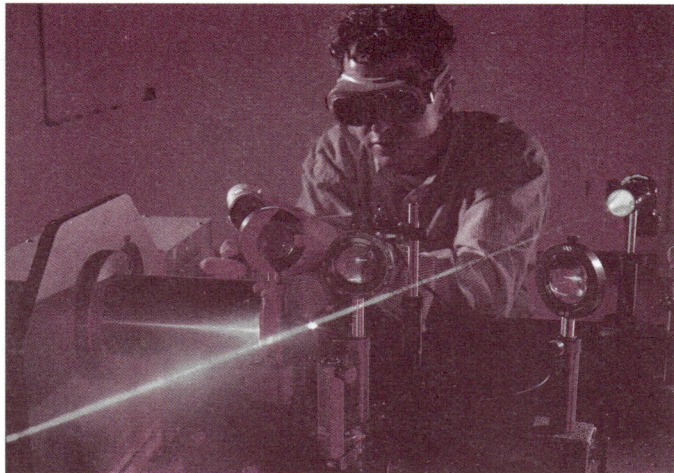

激　光

激光打标：在各种材料和几乎所有行业均得到广泛应用。

激光打孔：激光打孔主要应用在航空航天、汽车制造、电子仪表、化工等行业。国内目前比较成熟的激光打孔的应用是在人造金刚石和天然金刚石拉丝模的生产及钟表和仪表的宝石轴承、飞机涡轮叶片、多层印刷线路板等行业的生产中。

激光热处理：在汽车工业中应用广泛，如缸套、曲轴、活塞环、换向器、齿轮等零部件的热处理，同时在航空航天、机床行业和其他机械行业也应用广泛。我国的激光热处理应用远比国外广泛得多。

激光快速成型：将激光加工技术和计算机数控技术及柔性制造技术相结合而形成。多用于模具和模型行业。

激光涂敷：在航空航天、模具及机电行业应用广泛。

美国得克萨斯州大学的科学家研制出世界上功率最强大的可操作激光，这种激光每万亿分之一秒产生的能量是美国所有发电厂发电量的 2 000 倍，输出功率超过 1 皮瓦——相当于 10^{15} 瓦。这种激光第一次启动是在 1996 年。马丁尼兹说，希望他的项目能够在 2008 年打破这一纪录，也就是说，让激光的功率达到 1.3 ~ 1.5 皮瓦之间。超级激光项目负责人麦卡尔·马丁尼兹表示："我们可以让材料进入一种极端状态，这种状态在地球上是看不到的。用激光测速仪我们打算在得州观察的现象相当于进入太空观察一颗正在爆炸的恒星。"

激光测速是对被测物体进行两次有特定时间间隔的激光测距。

取得在该一时段内被测物体的移动距离，从而得到该被测物体的移动速度。

因此，激光测速具有以下几个特点：

1. 由于该激光光束基本为射线，故测速距离相对于雷达测速有效距离远，可测 1 000 米外。

2. 测速精度高，误差小于 1 米。

3. 鉴于激光测速的原理，激光光束必须要瞄准垂直于激光光束的平面反射点，又由于被测车辆距离太远，且处于移动状态，或者车体平面不大，而导致激光测速成功率低、难度大，特别是执勤警员的工作强度很大、很易疲劳。

4. 鉴于激光测速的原理，激光测速器不可能具备在运动中使用，只能在静止状态下应用。因此，激光测速仪不能称之为"流动电子警察"。在静止状态下使用时，司机很容易发现有检测，因此达不到预期目的。

5. 价格昂贵，现在经过正规途径进口的激光测速仪价格至少在 1 万美元左右。

激光标记相比传统标记方式具有以下特点：

1. 能标记任意图形、文字、条形码、二维码，可实现自动编号，打印序列号、批号、日期。

2. 激光标记后，不会因环境关系自然消退，而是永久保持，不易被人假冒，具有良好的防伪功能。

3. 无刀具磨损，无毒，无环境污染，高环保。

4. 标记质量好——属于非接触式加工，对加工材料不产生机械应力，不损坏被加工物品，精确、精美。

5. 可进行超精微细图文标记。

6. 图文精美、加工快捷、个性化设计。

其主要应用范围：金银首饰、钟表、眼镜、服饰、餐具、烟酒、饮料、礼品、模具、医疗器械、仪表仪器、卫生洁具、办公用品、家居用品、五金工具、灯光音响、商标标牌、电子元件、汽车制造及航天航空等行业。

激光通信，是激光在大气空间传输的一种通信方式。激光大气通信的发送设备主要由激光器、光调制器、光学发射天线等组成；接收设备主要由光学接收天线、光检测器等组成。

信息发送时，先转换成电信号，再由光调制器将其调制在激光器产生的激光束上，经光学天线发射出去。信息被接收时，光学接收天线将接收到的光信号聚焦后，送至光检测器恢复成电信号，再还原为信息。大气激光通信的容量大、保密性好，不受电磁干扰。但激光在大气中传输时受雨、雾、雪、霜等影响，衰耗要增大，故一般用于边防、海岛、跨越江河等近距离通信，以及大气层外的卫星间通信和深空通信。

1988年，巴西宣布研制成功一种便携式半导体激光大气通信系统。这种通过激光器联通线路的军用红外通信装置，其外形如同一架双筒望远镜，在上面安装了激光二极管和麦克风。使用时，一方将双筒镜对准另一方即可实现通信，通信距离为1千米，如果将光学天线固定下来，通信距离可达15千米。1989年，美国成功地研制出一种短距离、隐蔽式的大气激光通信系统。1990年，美国试验了适用于特种战争和低强度战争需要的紫外光波通信，这种通信系统完全符合战术任务的要求，通信距离为2~5千米；如果对光束进行适当处理，通信距离可达5~10千米。

20世纪90年代初，俄罗斯研制成功了大功率半导体激光器，并开始了激光大气通信系统技术的实用化研究。不久便推出了10千米以内的半导体激光大气通信系统并在莫斯科、瓦洛涅什、图拉等城市应用。在瓦洛涅什河两岸相距4千米的两个电站之间，架设起了半导体激光大气通信系统。该系统可同时传输8路数字电话。在距离瓦洛涅什城约200千米以及在距莫斯科不远的地方，也开通了半导体激光大气通信系统线路。

随着半导体激光器的不断成熟、光学天线制作技术的不断完善、信号压缩编码等技术的合理使用，激光大气通信正重新焕发出生机。

知识点

焊　接

焊接是根据被焊工件的材质，通过加热或加压或两者并用，并且用或不用填充材料，使工件的材质达到原子间的结合而形成永久性连接的工艺过程。

焊接过程中，工件和焊料熔化形成熔融区域，熔池冷却凝固后便形成材料之间的连接。这一过程中，通常还需要施加压力。焊接的能量来源有很多种，包括气体焰、电弧、激光、电子束、摩擦和超声波等。19 世纪末之前，唯一的焊接工艺是铁匠沿用了数百年的金属锻焊。最早的现代焊接技术出现在 19 世纪末，先是弧焊和氧燃气焊，稍后出现了电阻焊。20 世纪早期，随着第一次和第二次世界大战开战，对军用器材廉价可靠的连接方法需求极大，故促进了焊接技术的发展。今天，随着焊接机器人在工业中的广泛应用，研究人员仍在深入研究焊接的本质，继续开发新的焊接方法，以进一步提高焊接质量。

延伸阅读

激光历史

爱因斯坦在 20 世纪 30 年代描述了原子的受激辐射。在此之后人们很长时间都在猜测，这个现象可否被用来加强光场，因为前提是介质必须存在着群数反转的状态。在一个二级系统中，这是不可能的。人们首先想到用三级系统，而且计算证实了辐射的稳定性。

1958 年，美国科学家肖洛和汤斯发现了一种神奇的现象：当他们将氖光灯泡所发射的光照在一种稀土晶体上时，晶体的分子会发出鲜艳的、始终会聚在一起的强光。根据这一现象，他们提出了"激光原理"，即物质在受到与其分子固有振荡频率相同的能量激发时，都会产生这种不发散的强光——激光。他们为此发表了重要论文，并且汤斯获得了 1964 年的诺贝尔物理学奖。

肖洛和汤斯的研究成果发表之后，各国科学家纷纷提出各种实验方案，但都未获成功。1960 年 5 月 16 日，美国加利福尼亚州休斯实验室的科学家梅曼宣布获得了波长为 0.694 3 微米的激光，这是人类有史以来获得的第一束激光，梅曼因而也成为世界上第一个将激光引入实用领域的科学家。

1960 年 7 月 7 日，梅曼宣布世界上第一台激光器诞生，梅曼的方案是，利用一个高强闪光灯管，来刺激红宝石。由于红宝石其实在物理上只是一种掺有铬原子的刚玉，所以当红宝石受到刺激时，就会发出一种红光。在一块表面镀上反光镜的红宝石的表面钻一个孔，使红光可以从这个孔溢出，从而产生一条相当集中的纤细红色光柱，当它射向某一点时，可使其达到比太阳表面还高的温度。

苏联科学家尼古拉·巴索夫于 1960 年发明了半导体激光器。半导体激光器的结构通常由 p 层、n 层和形成双异质结的有源层构成。其特点是：尺寸小、效率高、响应速度快、波长和尺寸与光纤尺寸适配、可直接调制、相干性好。

美国机载激光武器

战略激光武器可攻击数千千米之外的洲际导弹；可攻击太空中的侦察卫星和通信卫星等。例如，1975 年 11 月，美国的两颗监视导弹发射井的侦察卫星在飞抵西伯利亚上空时，被苏联的"反卫星"陆基激光武器击中，并变成"瞎子"。因此，高基高能激光武器是夺取宇宙空间优势的理想武器之一，也是军事大国不惜耗费巨资进行激烈争夺的根本原因。据外刊透露，自 20 世纪 70 年代以来，美俄两国都分别以多种名义进行了数十次反卫星激光武器的试验。

目前，反战略导弹激光武器的研制种类有化学激光器、准分子激光器、自由电子激光器和调射线激光器。例如：自由电子激光器具有输出功率大、光束质量好、转换效率高、可调范围宽等优点。但是，自由电子激光器体积庞大，只适宜安装在地面上，供陆基激光武器使用。作战时，强激光束首先射到处于空间高轨道上的中断反射镜。中断反射镜将激光束反射到处于低轨道的作战反射镜，作战反射镜再使激光束瞄准目标，实施攻击。通过这样的两次反射，设置在地面的自由电子激光武器，就可攻击从世界上任何地方发射的战略导弹。

高基高能激光武器是高能激光武器与航天器相结合的产物。当这种激光器沿着空间轨道游弋时，一旦发现对方目标，即可投入战斗。由于它部署在宇宙空间，居高临下，视野广阔，更是如虎添翼。在实际战斗中，可用它对对方的空中目标实施闪电般的攻击，以摧毁对方的侦察卫星、预警卫星、通信卫星、气象卫星，甚至能将对方的洲际导弹摧毁在助推的上升阶段。

据中国科学院消息，经过中国科学院物理所王树铎研究开发小组人员的努力，首次实现了对大面积准分子激光能量的直接测量。其有效测量直径达 100

机载激光武器

毫米，在热释电型激光探测器的尺寸上为世界之最。经过与中国原子能科学研究院的有关专家合作以及在国家实验室进行的试验表明，此系统在不同能量区域均达到了预期的技术指标。

据介绍，激光聚变研究是一个很有发展前途的能源开发课题，激光可控热核聚变反应必将给人类生活带来新的转机。激光聚变在军事科学研究中也具有重要意义。在激光聚变实验，特别是在间接驱动聚变研究中，为了生产强大的辐射驱动场，人们正在追求高的 X 射线转换效率，良好的辐射输运环境，最佳的辐射驱动场。在这些研究过程中，对准分子激光的能量进行直接监测和研究是非常重要的。

该项研究成果表明，该项目的研究开发，除了有实力对已开发的产品市场不断开拓外，对国家正在发展的应用需求项目也具备了承担和开发能力。

知识点

洲际导弹

洲际弹道导弹，通常指射程大于 8 000 千米的远程弹道式导弹。它是战略核力量的重要组成部分，主要用于攻击敌国领土上的重要军事、政治和经济目标。洲际弹道导弹具有比中程弹道导弹、短程弹道导弹和新命名的战区弹道导弹更长的射程和更快的速度。目前主要拥有国为：美国、俄罗斯、中国、英国、法国。

延伸阅读

激光武器的类型

战术激光武器的突出优点是反应时间短，可拦击突然发现的低空目标。用激光拦击多目标时，能迅速变换射击对象，灵活地对付多个目标。

激光武器的缺点是不能全天候作战，受限于大雾、大雪、大雨，且激光发射系统属精密光学系统，在战场上的生存能力有待考验。

陆军的快速发射高炮的炮管寿命短，连续发射几分钟后就要更换，而激光武器不存在多次发射的寿命问题。可以预计，未来，在目前弹炮结合防空武器系统的基础上，将出现将新型防空导弹、高炮和激光武器三结合的对空防御系统。其中，激光武器主要拦截从低空、超低空突然来袭的近距离目标，这有可能大大提高对精确武器的拦截概率，解决当前存在的极近程防空问题，并可用于保卫重要目标，如重要机构、指挥中心、通信和动力中枢等。目前研制的激光武器的体积一般较大，重量较重，所以各国首先考虑舰载应用。目前，发达国家的大型水面舰只已开始采用核能作为动力，中型水面舰只的电动化改进也已进入实质阶段，这都为激光武器在舰艇上的应用铺平了道路。

阿基米德巧布镜阵

这是一个脍炙人口的故事。大约在公元前218年前后，随着马其顿王国的衰落和罗马王国的兴起，罗马人统一了意大利本土后向西扩张，遇到了另一个强国迦太基，两国之间发生了漫长的"布匿战争"。夹在这两霸之间有个城邦小国名叫叙拉古，经常受到两边的侵犯，幸得城里有大科学家阿基米德，依赖了他的聪明智慧，才使这弹丸小城能在夹缝中得以生存。

那一年，罗马的舰队又在海军统帅克劳狄乌斯的率领下向叙拉古发起进攻。城里的国王只得恳请年逾70的阿基米德再次出马。阿基米德在士兵的簇拥下出了城，站在高高的礁石上，看着那蓝天碧海，心里不胜惆怅……多么美丽的地中海啊，今天要面临一场厮杀。他用双手搭在眉上眺望，只见庞大的罗

阿基米德

马舰船影影绰绰，已进入视线，怎么办呢？城里的士兵都在北门外与罗马陆军对峙，剩下的只是些妇女和儿童。

阿基米德仰天长叹，忽见万里无云骄阳似火，心里顿生一计，便说道："事情紧急，赶快叫全城的妇女带了自己的梳妆镜到南门外集合。"再说，罗马人的舰队已经逼近了叙拉古，克劳狄乌斯站在旗舰的指挥塔上仔细观看城堡，见城墙上并没有弯弓持枪的士兵。城门开着，走出三五成群的妇女，她们有的爬上礁石，有的走到海滩边，妇女群里还有老人和孩童。这一定是他们出城投降吧！克劳狄乌斯想到这点不由放声大笑，传令水手奋力划桨。这时分散在海边的妇女、老人在阿基米德的指挥下排列成一个弧形，每人从怀里掏出了镜子。似火的阳光照射在镜面上立即反射出一束束强烈的火光会聚到罗马舰船的帆篷上，像一条条火舌在舔舐。水兵不一会就闻到有焦糊味，抬头张望，桅杆上已腾起火苗，风长火势，只不过10多分钟，浓烟大火弥漫了整个舰队，可怜克劳狄乌斯苦心经营了多年的舰队在个把时辰里化作焦糊木板，漂散在地中海上。

▶▶ 知识点 ▶▶▶▶▶

城 邦

城邦指由一个单独的城镇为中心的国家。

城邦是古希腊政治的内涵的主要概念。在古希腊人的政治语汇中，"政治"一词源自"波里"，该词在《荷马史诗》中指堡垒或卫城。同"乡郊"相对。雅典的山巅卫城"阿克罗波里"，雅典人常简称为"波里"。堡垒周遭的"市区"称"阿斯托"。后世把卫城、市区、乡郊统称为一个"波里"，综合土地、人民及其政治生活而赋予其"邦"或"国"之意，演变为"城邦"之称，有独立自主和小国寡民的特点。

延伸阅读

罗马历史

　　罗马城建成的日期并不确定，传统认为是在公元前753年，这已经广泛地为考古发现所证实，尽管可能此前已经有一部分人早就居住在那里。传统上，罗马人把罗马城的建立归功于英雄罗穆卢斯。他和他的孪生兄弟瑞摩斯是英雄埃涅阿斯的后代。埃涅阿斯是希腊女神阿佛洛狄特（罗马神话中称维纳斯）的儿子，他在希腊人占领特洛伊城之后来到意大利。

　　大约在公元前2000年，这里已有罗马人居住。公元前753年4月21日建城，至今已有2 700多年的悠久历史。罗马人骄傲地称它为"永恒之城"。相传罗马的创建人罗幕路是母狼喂养大的，古罗马的城徽图案是母狼哺育婴儿。罗马城是罗马帝国的发源地和首都。公元1～2世纪罗马成为西方历史上最大的帝国，罗马城进入全盛时期。

　　在罗马长达约2 800年的历史上，曾经历了东、西罗马的辉煌时期。1870年，意大利王国军队攻占罗马，意大利统一事业完成。1871年，意大利首都由佛罗伦萨迁回罗马。

让人自由观察的潜望镜

　　潜望镜是指从海面下伸出海面或从低洼坑道伸出地面，用以窥探海面或地面上活动的装置。其构造与普通地上望远镜相同，唯另加两个反射镜使物光经两次反射而折向眼中。潜望镜常用于潜水艇、坑道和坦克内用以观察敌情。

　　按目前的技术水平，潜艇综合成像系统基本上由几大类成像系统构成。下

潜望镜观察目标

面就依照艇上和艇外成像系统的顺序，分别描述几种成像系统的技术现状和特点。

现代潜艇潜望镜是在 20 世纪初发明的。1906 年德国海军建成第一艘潜艇时，已使用了相当完善的光学潜望镜，由物镜、转像系统和目镜等组成。当时潜望镜的潜望力在 5~7 米，观察距离很近、视场狭窄、图像质量也很差，而且夜间无法使用。传统潜望镜的主要功能包括观察水面的舰船、对空观察飞机、估算被攻击目标的距离、将其方位和距离提供给火控系统、在潜没状态下实施地标导航或天文导航等。

现代的潜望镜制造商应用微光夜视、红外热成像、激光测距、计算机、自动控制、隐身等光电技术的最新成果，开发出新一代光电潜望镜。以 2003 年德国研制的最新一款 SERO 400 型潜望镜为例，主要技术性能包括：俯仰范围 -15°~60°，15 倍、6 倍和 12 倍 3 种放大倍率，高精度的瞄准线双轴稳定，潜望镜入瞳直径大于 21 毫米，潜望力约 12 米。它能配置多种摄像机和传感器，如数码摄像机、微光电视摄像机、彩色电视摄像机、热像仪、人眼安全型激光测距仪等，供潜艇指挥员根据实战需要选用；还能把视频信号实时提供给作战系统监视器，实现同步观察。潜望镜系统的串行接口可供不同的作战系统控制台实现遥控操作。该潜望镜系统在白昼和夜间条件下都有相当好的观察效果，能有效监视海面和海空，收集导航数据，搜索和识别各种海上目标，观察到的图像可以录像供回放。

现代光电潜望镜技术已经相当成熟，不可能再有很大提高。传统的穿透式潜望镜的固有弊端已十分明显：其一，也是最主要的缺陷，潜望镜必须穿透潜艇壳体，镜管直径越大，对潜艇耐压性的影响就越大；其二，潜望镜目镜头的转动直径一般为 0.6 米，在原本有限的艇内占据较大空间，对潜艇指挥舱的布置十分不利；其三，潜望镜只适合一人操作观察，无法实现多人同时观察，不利于作战信息资源的共享。尽管存在上述缺陷，但光电潜望镜在现在和将来依然是各国海军潜艇最普遍使用的成像观察装置。

1976 年，美国科尔摩根公司正式提出最初的光电桅杆原理供海军评审。接着在 20 世纪 80 年代，非穿透光电桅杆的开发计划正式启动。如今，光电桅杆已从概念、原理、样机发展成为工程型号。美、英、法三国海军在新型核动力潜艇上淘汰了传统的穿透式潜望镜，都将配备光电桅杆。这标志着潜艇光电桅杆技术已经达到了相当成熟和可靠的水平。光电桅杆和常规潜望镜的最大差别在于，光电桅杆是"非穿透桅杆"，它由光电桅杆观察头、非穿透桅杆和艇内操控台 3 部分组成。美国的"弗吉尼亚"级潜艇上的光电桅杆系统是 AN/BVS1 成像系统，它除了现有潜望镜系统的功能外，还能提供电子情报收集、监视和目标打击等功能。

光电桅杆与传统的穿透式潜望镜相比有诸多优点：如光电桅杆不穿透耐压艇壳，直接布置在指挥舱的合适位置，不但提高了潜艇耐压强度，也方便了指挥舱的布置；光电桅杆的观察头部装有多种光电探测传感器、电子战和通信天线等装置；艇外情况可通过电视和红外摄像机摄取，然后传输到艇内，显示在操控台监视器及大屏幕上。光电桅杆正在逐步取代穿透式潜望镜，成为潜艇作战信息系统的重要组成部分。

但由于技术复杂、价格昂贵等原因，目前只有少数潜艇使用了一根光电桅杆，例如俄罗斯"德尔塔Ⅲ"和"德尔塔Ⅳ"级导弹核潜艇装备有一根"砖雨"光电桅杆。只有美国"弗吉尼亚"级攻击核潜艇使用了两根光电桅杆。虽然英国"机敏"级攻击核潜艇也装备有两根光电桅杆，但它们尚未下水，服役仍需时日。目前较为普遍的是一根光电桅杆和一根潜望镜配合使用，如美、英、德、法、俄、日、埃及等国的部分潜艇通气管摄像机监视系统。

这是电视摄像机系统在潜艇上的特殊应用。主要用于对己艇的外部环境和各种发射状况进行检查和监视，也可为潜艇在冰层下活动提供光学导航。电视摄像机系统在潜艇壳体上的应用至少有 30 年的历史，具体应用多见于英国、俄罗斯及北欧等国海军潜艇。英国潜艇外壳上配置的水下电视摄像机系统，是专为潜艇在冰层或水下活动的需要而研制的。它可以提供安全的水下导航，是潜艇上浮时的重要辅助装置。一般就导航系统而言，在潜艇外壳上应配置两台水下电视摄像机，一台置于向上观察的位置，另一台置于前视位置并与水平方向成 40°角。这种布置方式十分有利于潜艇在上浮或前进机动时获得最好质量的图像。英国西姆拉德公司的 OE0285 型摄像机已装备英国的潜艇。它是一种增强的硅靶摄像机，它能在有云的星光条件下依靠微弱光线观察各种目标。当潜艇在北冰洋地区活动时，OE0285 摄像机是潜艇通过冰层上浮时的重要辅助设备。

知识点

物　镜

　　物镜是由若干个透镜组合而成的一个透镜组。组合使用的目的是为了克服单个透镜的成像缺陷，提高物镜的光学质量。显微镜的放大作用主要取决于物镜，物镜质量的好坏直接影响显微镜映像质量，它是决定显微镜的分辨率和成像清晰程度的主要部件，所以对物镜的校正是很重要的。

延伸阅读

和潜望镜相似的发明

　　古代，在我国一些深山古庙的屋檐下，常常倾斜地挂着一面青铜大镜，如果在庙门以内的地上放一盆水，对正镜子，这就做成了一个最简单的潜望镜，在水中就会映出庙门外的羊肠小道及过往行人。

　　1. 先说制作倒立的潜望镜，倒立的潜望镜的总体造型像一个"匡"字，去掉里面的王字，在上下两个拐角处，放两个与水平方向成45°角的镜子。你可以画出草图看看，假设有一条光线射入到上面拐角的镜子上部时，其反射光线会在下面的镜子的下部反射，这样就倒立了。

　　2. 正立的潜望镜的形状是"Z"字形，把连接上面与下面的线变成垂直的，或者说形状是"工"字形，把上面的横线的右半边去掉。下面的横线的左半边去掉，在两个拐角处同样设置两个镜子，这样成的像就是正立的了。

　　倒立的潜望镜的两个镜子的夹角是90°，而正立的潜望镜的两个镜子是相互平行的。

虚拟潜望镜系统

　　这是美国海军正在研究的潜艇水下摄像机系统。虽然称之为"虚拟"潜望镜，但与计算机技术领域的"虚拟现实"截然不同，也不同于外壳上的摄像机系统。虚拟潜望镜就是一种完全从水下潜没的潜艇平台上透过水面进行观察的光学传感器，包括潜艇水下摄像机、处理器和图像显示器。所谓"虚拟"，是指图像显示器能把摄像机看到的海面上部半球形视场内的不完整图像重现为一幅完整的图像。虚拟潜望镜与潜艇传感器系统构成一体，可减少潜艇指挥员使用常规潜望镜的次数，提高潜艇的隐身性。

　　虚拟潜望镜技术还可以最大程度地减少潜艇与水面舰船碰撞的概率。潜艇上浮到潜望深度前，必须确认上浮区内没有行驶的船舶。从潜望深度到水下约46米的"过渡区"，是潜艇水下活动的不安全区。在这个尴尬的区域内，潜艇因为所处位置"太深"而看不见上方是否有正在航行的舰船，又因为距离航行舰船下方"太浅"而不能安全地通过。但是，这个过渡区可能包含了最佳水声搜索深度，也是最好的规避深度，是潜艇在浅水区安全活动的最理想深度区域。如果潜艇丧失了这个过渡区，其活动能力就会大打折扣。如果潜艇采用虚拟潜望镜技术观察周围情况，就能在这个过渡区内安全地活动了。

　　虚拟潜望镜的光学原理与普通潜望镜不同。普通潜望镜是在海上某个位置接收光线；虚拟潜望镜则是利用水下的一个或几个向上观察的摄像机，接收来自空间并穿透海面的光线。虚拟潜望镜项目运用对微弱折射光重构的成像技术，开发一个能探测水面目标的水下摄像机系统。虚拟潜望镜不只是一项特殊的成像技术，而且完全适合于潜艇特种作战部队的应用。

　　美国早在20世纪80年代初即申请了光电浮标技术的专利。到了90年代，美国马萨诸塞州波卡塞特的船舶成像系统公司开始了潜艇用光电浮标的设计与研究。该公司与美国国防研究计划局签订了100万美元的研究合同，设计并制造从潜艇发射的摄像机浮标系统（BCD）。BCD使用CCD传感器，并通过光纤和电缆与潜艇保持连接。CCD传感器由潜艇控制其稳定和监视方向，在水面上获取目标图像数据，再转换成光纤信号传送到潜艇上。获取的信息用图像增强算法软件进行处理。潜艇用光电浮标可以进行隐身处理以提高隐蔽性，如伪装成冰块或海上漂浮物。如果能降低成本，光电浮标可设计成一次性的。还有人建议研制多传感器光电浮标系统。

潜艇无人机的开发解决了潜望镜和光电桅杆潜望高度低、不能远距离观察的问题。潜艇可以在潜没状态下获得无人机从空中摄取的图像，从而提高了隐蔽性。与潜艇有关的无人机技术研究始于20世纪80年代中期，当时的无人机是从鱼雷管发射的，现在已能从潜艇桅杆内向外发射无人机。例如，美国科尔摩根公司研制成功的无人机发射装置装在潜艇桅杆内，一次可装4架无人机。美国海军已经把无人机技术应用在"弗吉尼亚"级和"俄亥俄"级攻击核潜艇上。无人机可以通过军用卫星把探测到的信息传输给发射潜艇，或转发到其他潜艇、水面舰船以及陆上的作战指挥中心，并与水下运载器等多种系统构成综合的信息网络。

知识点

潜艇

潜艇是一种既能在水面航行又能潜入水中某一深度进行机动作战的舰艇，也称潜水艇，是海军的主要舰种之一。潜艇在战斗中的主要作用是：对陆上战略目标实施核袭击，摧毁敌方军事、政治、经济中心；消灭运输舰船、破坏敌方海上交通线；攻击大中型水面舰艇和潜艇；执行布雷、侦察、救援和遣送特种人员登陆等。

延伸阅读

军事知识

军事是与战争、军队、军人有关事务的总称。军事学与甚多范畴有关，主要与战争有关。此外，军事学本身包含了各种学问。军事是政治的一部分，战争是政治的延续，是一国或者集团用暴力手段达到自己目标和目的的方式，而目标和目的往往与利益有关。战争是军事的集中体现，但不是唯一的体现。第二次世界大战（1939～1945年）后的美国和苏联的冷战，就是一种威慑基础上的回避战争方式的斗争。在人类可以看到的未来，军事始终是政治生活中重要的方面，并在科学技术上对人类生活予以重大影响，人类很多科技成就往往先产生于军事领域然后普及到非军事领域。

军事是战争及一切直接有关武装力量建设事项的总称。人类社会发生战争的初期，并没有专门的军队组织，也没有专门的武器装备。基本上采取耕战并举，战时参战，平时耕作、畜牧，生产工具与作战武器并用。恩格斯把它比喻为"对人的狩猎"。随着社会生产力的发展，战争规模的扩大和战争的日趋频繁，生产工具和战争工具分工，逐渐出现了"常备军"的组织。有了常备军，进行常备军的建设、训练，改进武器技术装备，提高战斗技能，以及探讨夺取战争胜利的谋略和指挥艺术，便成为军事活动的重要内容。随着战争的不断发展，军事活动的内容也越加广泛，主要有：武装力量特别是常备军的组织、训练、管理和作战行动，武器装备的研制、生产和使用，战略战术的研究与运用，战争物资的储备和供应，国防设施的建造，后备力量的动员、组织和建设等。总之，军事是随着战争的发生、发展而逐渐形成和发展起来的，是为保障顺利遂行战争和赢得战争而进行的一系列特殊组织活动，直接影响到战争的胜负。

医学中应用的光
YIXUEZHONG YINGYONG DE GUANG

　　光不仅能给人类带来伤害，更能救死扶伤。适量的紫外线能杀死病菌，无影灯为手术提供了良好的光照条件，还有帮助爱美人士摆脱毛发困扰的光子脱毛等等。这些医疗器械的发明，处处可以看到光学的身影。

医疗必备无影灯

　　洁白的手术室中，悬挂着一个大大的圆形灯盘，灯盘上整齐地排列着许多灯。当灯光照射到手术台上时，医生可以在不受黑影影响的情况下顺利进行手术。这个合成的大面积光源就是无影灯。原来手术室的无影灯就是巧妙地运用了本影区面积与光源发光面大小的关系，用发光强度很大的灯组成大面积光源。这样就能把光从不同角度照射到手术台上，既保证手术视野有足够的亮度，又消除了手术时医生的身体留下的本影，从而看清手术进行的情况。

　　手术无影灯一般由多个灯头组成，系定在悬臂上，能做垂直或循环移动，悬臂通常连接在固定的结合器上，并能围着它旋转。无影灯采用可消毒的手柄或设消毒的箍（曲轨）作灵活定位，并具有自动刹车和停止功能以操纵其定位，在手术部位的上面和周围，保持适宜的空间。无影灯的固定装置可安置在天花板或墙壁上的固定点上，也可安置在天花板的轨道上。

安装在天花板上的无影灯，应在天花板或墙壁上的遥控匣中设置一个或多个变压器，以将输入的电源电压转换成大多数灯泡所要求的低压。大多数无影灯都具有调光控制器，某些产品还能调节光场范围，以减少外科手术部位周围的光照。

无影灯

知识点

手 术

以刀、剪、针等器械在人体局部进行的操作，是外科的主要治疗方法，俗称"开刀"。目的是医治或诊断疾病，如去除病变组织、修复损伤、移植器官、改善机体的功能和形态等。

早期手术仅限于用简单的手工方法，在体表进行切、割、缝，如脓肿引流、肿物切除、外伤缝合等。故手术是一种破坏组织完整性（切开），或使完整性受到破坏的组织复原（缝合）的操作。随着外科学的发展，手术领域不断扩大，已能在人体任何部位进行。应用的器械也不断更新，如手术刀即有电刀、微波刀、超声波刀及激光刀等多种。在治疗心脏预激综合征的手术时，可借助高功能电子计算机定位。有的手术操作也不一定要进行切割来破坏组织，如经各种内窥镜取出胆管、尿路或胃肠道内的结石或异物；经穿刺导管用气囊扩张冠状动脉，或用激光使闭塞的血管再通等。因此手术也有更广泛的含义，但目前绝大多数手术仍以医师的手工操作为主。

延伸阅读

无影灯的演变

手术无影灯的发展经历了由多孔灯、单反射无影灯、多级聚焦无影灯、LED手术无影灯等。

传统的多孔无影灯，主要是通过多个光源实现无影效果的，目前国内较流行的单反射无影灯，其特点是照度高，可聚焦。

目前国外较流行的还有多孔多聚焦手术无影灯，这是目前较高端的手术无影灯，此外，日益成熟的LED手术无影灯以其绚丽的造型，长久的使用寿命和天然的冷光效果以及节能概念逐渐走入人们的视野中，是目前最为引人注目的行业热点。

胃病患者的福音——胃镜

不少人有胃痛的毛病，但胃中到底出了什么毛病，因为看不见，总说不大清楚。

自从有了胃镜后，医生可以通过它看清胃中每一部分的情况了。胃镜是由折射率很大的导光纤维组成的，胃镜头上的小灯把胃壁照亮，胃壁上反射出来的光进入导光纤维一端后再也穿不出纤维壁了，而是不断地全反射，只能从导光纤维另一端穿出来，医生就可看清胃中的毛病。

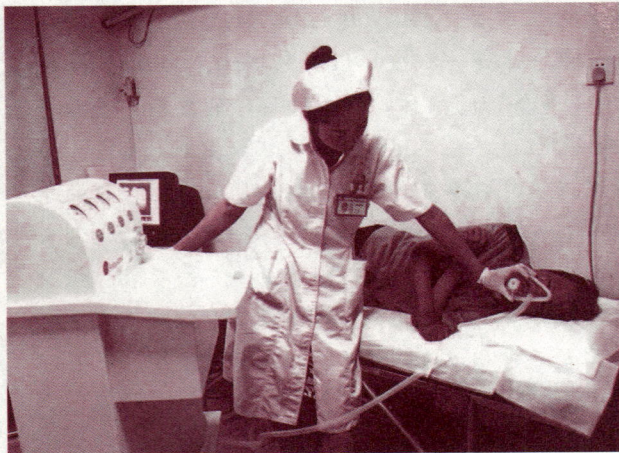

胃镜检查

目前临床上最先进的胃镜是电子胃镜。电子胃镜具有影像质量好、屏幕画面大、图像清晰、分辨率高、镜身纤细柔软、弯曲角度大、操作灵活等优点。有利于诊断和开展各种内镜下治疗，并有储存、录相、摄影等多种功能，便于会诊及资料保存。

随着医学科学技术的不断进步，胃镜检查越来越广泛应用于临床，胃镜检查是诊断胃病最直观的检查方法，与术前、术中、术后护理配合，对检查的顺利进行起着至关重要的作用。

知 识 点

电子胃镜

医用电子内窥镜，简称为电子胃镜，主要由3部分组成：内镜、视频处理器和电视监视器。它无光导纤维导像束，导像系统由 CCD 和电缆代替，不像光导纤维容易折断，因而更加耐用。电子胃镜可获得高清晰度的图像，通过计算机可以进行各种图像处理，进行三维显像，测定黏膜血流、黏膜局部血色素含量及局部温度等。

延伸阅读

胃镜检查的临床优势

胃镜这一种医学检查方法，由于其具有器具体积小、方便，因此得到了广泛的临床使用。其临床使用的优势有：

扩展视野：全小肠段真彩色图像拍摄，清晰微观，突破了小肠检查的盲区，大大提高了消化道疾病诊断检出率。

安全卫生：胶囊为一次性使用，有效避免了交叉感染。胶囊外壳采用耐腐蚀医用高分子材料，对人体无毒、无刺激性，能够安全排出体外。

舒适自如：只需吞服一颗胶囊，检查过程无痛、无创、无导线，也无需麻醉，不耽误正常的工作和生活。

操作简便：告别烦琐的操作，3个步骤清晰简便。医生只需回放胶囊所拍摄到的图像资料，即可对病情做出诊断。

医用激光救死扶伤

激光在某种意义上，真可谓是"百用之光"，不仅在工业和军事上大显身手，而且在医疗上也有自己的一席之地。

依据激光在牙科应用的不同作用，分为几种不同的激光系统。

区别激光的重要特征之一是：光的波长，不同波长的激光对组织的作用不同。在可见光及近红外光谱范围的光线，吸光性低，穿透性强，可以穿透到牙体组织较深的部位。用于治疗的激光，通常是几个瓦特中等强度的激光。激光对组织的作用，还取决于激光脉冲的发射方式，激光在龋齿的诊断方面的应用可做到脱矿、浅龋、隐匿龋。激光在治疗方面的应用可做到切割、充填物的聚合、窝洞处理。

世界卫生组织（WHO）近期报告：全世界每年有1 500万人死于冠心病、高血压、脑血栓等心脑血管疾病，而60岁以上的老年人死于心脑血管病的人数占90%以上。

医用激光治疗仪

心脑血管疾病具有发病率高、死亡率高、致残率高、复发率高、治疗费用高以及易引发并发症"五高一发"的特点，治疗和预防已到了刻不容缓的地步。

现在医学上将激光用于照射血液，光量子被血液分子吸收并转化为分子内能，从而起到激活血液细胞的作用。光量子还能对血液产生其他光化合反应和生物效应，应用这些效应来治疗和保健的疗法被称为光量子血疗（又称激光洗血）。

低强度激光疗法：桡动脉照射治疗，见效快，疗效显著，可产生以下效果：

1. 改变血液流变指标，改善血液流变性质，可以降低血压，降低全血黏度、血浆黏度、血小板聚集能力，激活酶系统，加快新陈代谢。

2. 改善血液循环，刺激交感神经和副交感神经。可使黏膜和鼻黏膜血管收缩、扩张，从而反射性地引起颅内血液循环和全身血液循环。可出现全身症状的改善，如精神好转、全身乏力减轻、食欲增加。

3. 恢复红细胞正常形态。补充红细胞的生物能量，剥离红细胞表面的脂肪层，使红细胞表面恢复负电荷，加大红细胞间的排斥力，使红细胞单个游离，避免细胞粘连。

4. 提高红细胞携氧能力。由于光量子补充红细胞的生物能量，使红细胞能与氧气更好地结合发挥其携氧和输送氧气的功能，保证了机体组织供氧。

5. 增加血红细胞 SOD 含量。在 SOD（超氧化物歧化酶）含量测定时发现，用低强度激光治疗后，红细胞内 SOD 含量增加，同时能清除血液中的自由基和垃圾。

6. 调节免疫。激活白细胞，提高其吞噬活性和趋化性，促使肌体的物质代谢和能量代谢，有利于受损组织的修复和再生，因而具有调节肌体免疫功能的作用。

7. 激活脑细胞。低强度激光桡动脉照射，使脑部血流灌注增加，提高脑细胞功能，彻底改善脑部微循环。

8. 软化血管。低强度激光照射血液疗法能保护血管内皮细胞，增强或恢复血管的弹性，减少低密度脂蛋白，纠正酸血症，软化血管，预防血栓形成。

知识点

世界卫生组织

世界卫生组织（简称世卫组织或世卫），是联合国属下的专门机构，国际最大的公共卫生组织，总部设于瑞士日内瓦。世界卫生组织的宗旨是使全世界人民获得尽可能高水平的健康。该组织给健康下的定义为"身体、精神及社会生活中的完美状态"。世界卫生组织的主要职能包括：促进流行病和地方病的防治；提供和改进公共卫生、疾病医疗和有关事项的教学与训练；推动确定生物制品的国际标准。截至 2005 年 5 月，世界卫生组织共有 193 个成员国。现任总干事为香港人陈冯富珍。

延伸阅读

人类血红细胞变形机制

美国俄亥俄州立大学李巨研究小组首次在分子层面上设计一种模型，能够描述血红细胞是如何从正常的扁圆形缩成子弹形，穿过比它们的正常直径还小的血管。该研究结果发表于《美国科学院院刊》上。研究血红细胞如何从柔软的物体变成几乎液化的形态，能够帮助科学家们更好地了解疟疾、镰状细胞贫血症以及球形红细胞贫血症等。

人类血红细胞在其 4 个月的生命周期中，要成百万次地挤过细小的毛细血管，以便输送氧气，运走二氧化碳等废物。这是生命必需的过程。血红细胞的直径约为 8 微米，它们在流动过程中，常常穿过直径只有 2 微米的血管。血红细胞会拉长成子弹形状，然后在穿过血管后，恢复成本来的扁圆形。

李巨研究小组设计的这种模型显示，血红细胞的细胞骨架在这个变形过程中起到了重要作用。每个血红细胞都有一个细胞骨架，它由一种名为"血影蛋白"的蛋白分子构成，以一种类似毛刷的结构附着在细胞膜内侧。当这层蛋白质结构之间的键接破裂，或者这层结构与细胞膜之间的附着破裂，细胞就会变得更加柔软，从而能够穿过狭窄的通道。

研究人员发现这种变化或者是由于两个血影蛋白分子之间的键被断开，或者是由于血影蛋白与一种细胞膜中的肌动蛋白的键被断开。而加诸机械力（如挤压或者切断）或者化学能（如 ATP），都足以断开这些化学键，进而引起细胞骨架的变形。

研究人员将利用该模型进一步研究几种血液疾病，包括疟疾、镰状细胞贫血症以及球形红细胞贫血症等。在疟疾患者中，细胞里的寄生虫会改变细胞膜和细胞骨架，从而使细胞失去原有的弹性，无法穿过血管。在镰状细胞贫血症中，红细胞会变成镰刀状，而在球形红细胞贫血症中，红细胞会变成球形，因而都无法正常地通过血管。

激光仪能治疗近视

准分子激光治疗近视眼最早是 1985 年美国医生开始在临床应用的，近年来发展迅速，20 世纪 90 年代初传入中国。准分子激光治疗高、中、低度近视的手术效果远远优于以往的屈光手术，因此，广为全世界的眼科医师所瞩目。但仍有很多人对它产生怀疑，怕眼睛被打穿、烧焦。

一般来说，准分子激光是波长很短的紫外光，它与生物组织发生的是光化学效应而不是热效应。因此，不会产生热损伤，更谈不上烧焦。另外，还有人顾虑会打穿眼球，这种顾虑是多余的。准分子激光波长短，穿透力弱，每个脉冲只能切削 0.25 微米的深度，是在细胞下水平切削，切削极精确，因此打穿眼球是不可能的。

有人担心会伤害眼睛的其他部位，这也是多虑的，因为准分子激光器都有红外线跟踪系统，当你的眼球偏转超出正常范围，激光会自动停止击射，保证安全治疗。

激光治疗近视的原理是，近视眼是由于眼球的前后径太长或者眼球前表面太凸，外界光线不能准确汇聚在视网膜所致。准分子激光角膜屈光治疗技术，是用电脑精确控制的准分子激光的光束，使眼球前表面稍稍变平，从而使外界光线能够准确地在视网膜会聚成像，达到矫正近视的目的。

准分子激光是氟氩气体混合后经激发产生的一种人眼看不见的紫外线光束，属冷激光，能精确消融人眼角膜预计去除的部分而不损伤周围组织和其他组织器官。

专家指出，适合接受准分子激光治疗的人为：18～50 周岁，近两年度数稳定的近视眼 150 度至 2 000 度，或合并散光 100 度至 400 度，及远视 200 度至 800 度均适合治疗。

眼部患感染性炎症、圆锥角膜、青光眼、白内障、眼底病变等，或有糖尿病、胶原性疾病等全身性疾病的人不适合准分子激光治疗。

不久前，来自上海瑞金、长海等医院相关部门的调查显示，准分子激光治疗近视眼的求诊者中，学生占了绝大多数，尤其是高中生，门诊量有逐日增多的趋势。对此，专家告诫：准分子激光治疗近视眼，18周岁以下的青少年不宜。

据专家介绍，为确保安全和有效，准分子激光治疗近视眼要求患者术前屈光状态稳定，矫正视力达到0.5以上。据此，接受手术的最佳年龄应该在25～35岁，18周岁以下的青少年正处于身体生长期，眼睛屈光度不稳定，若盲目接受手术，一两年后视力极有可能回退，严重影响预期的疗效，功败垂成。

知识点 　　　　>>>>>

近视

近视是眼睛看不清远物、却看清近物的症状。在屈光静止的前提下，远处的物体不能在视网膜会聚，而在视网膜之前形成焦点，因而造成视觉变形，导致远方的物体模糊不清。近视分屈光和轴性两类。其中屈光近视最为严重。屈光近视可达到600度以上，即高度近视。

延伸阅读

饮食进补防近视

近视的形成与饮食有关，多数近视患者的血钙偏低，维生素A缺乏；多数青少年近视患者的血清蛋白偏低，血钙和血色素也偏低。得了近视后，要多补充维生素A、B族和钙、铬、锌等微量元素，少吃糖果和高糖食品。糖吃多了，血糖含量增加会引起房水、晶体渗透压改变。当房水的渗透压低于晶状体的渗透压时，房水就会进入晶状体内，促使晶状体变凸，引起近视的发生。过多地吃糖和高碳水化合物，就会使眼内组织弹性降低，微量元素铬的储存量减少，使得眼轴容易变长。另外，吃糖过多，会使血中产生大量的酸。酸与体内的盐类，特别是与钙盐中和，在血液中还原，造成血钙减少，这样就会影响眼球壁的坚韧性，使眼轴伸长，也造成近视的发生和发展。

解读眼视光学的秘密

眼视光学，又称为验光置镜业，是现代光学技术和现代眼科学相结合，运用现代光学的原理和技术解决视觉障碍的新兴交叉学科。它是一门既具有经典传统色彩，又具有现代高科技特征的医学专业，也是一类饶有趣味、充满挑战、富有回报的医疗职业。该专业以光学、药物、手术和心理等手段，以改善和促进清晰舒适视觉为目标，以保护眼睛健康为己任，这是一项给人类带来光明的崇高事业。但是最主要的是以光学技术解决视觉障碍，眼视光学的学科特征是进行与人眼视觉有关的生理、病理和光学方面的临床、科研和教学等。科研重点主要针对视觉方面的研究，有近视、远视、散光、弱视、低视力、光学眼镜、角膜接触镜、屈光手术及其他视觉方面矫正的基础、临床研究等。终归一点是解决双眼共同视觉问题。

眼视光学是眼科学的起点，也是眼科学的终点。它们之间的关系一直是眼科医学研究的主要对象。因为眼睛要比一部高档的照相机精密得多。因此，这是一个需要对眼睛的解剖结构和眼睛的屈光系统作一个专业的学习后才能胜任的专业。之后才能在这个的基础上了解眼睛的医用物理原理。

眼睛的解剖学很重要，特别是对于角膜接触镜的验配及之后的复查，其中重要的是角膜。原因是角膜的生理性决定了其光学的重要性。要保

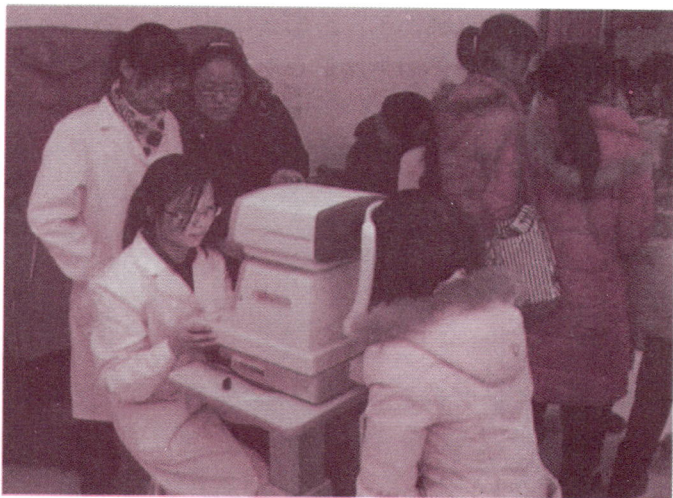

眼视光学仪器

证角膜的透明和角膜的本身的屈光度，那么角膜的组织学结构就要保证其符合生理要求。

在我们的生活中，经常能见到很多人戴着眼镜。这个眼镜学问是很大的。涉及的问题是：

1. 验光之前的检查。这是学问加经验加理论加技术的综合体现。主要是在4个方面的病史采集。屈光的病史采集，针对之前的屈光要进行了解；感觉的病史采集，主要是视力和初级双眼视觉功能询问；眼球运动检查的病史采集，主要是双眼视觉功能的详细了解；第四是要了解双眼的眼睛健康，主要是双眼的眼压，裂隙灯显微镜检查双眼健康，眼底镜判断眼睛内部情况是否正常。

2. 验光，这是一个程序。初步的主要检查的方法是4个：角膜曲率计检查和眼科A超检查、视网膜检影镜检查、自动验光仪检查、主觉检查。高级的检查还应该包括双眼的视觉功能的整体检查。这不仅仅是视力的检查，还有眼睛的调节和辐辏检查，双眼眼球追踪扫射试验，隐斜视和融合功能检查及在这个基础上进行的双眼立体视觉检查。

3. 下处方。原则是根据不同的年龄不同的需要进行，但是现在很多的地方的验光都是以国家标准1.0为标准，这个是要根据需要来决定的。最好的方法是要根据检查工具判断外界物体经过眼睛的屈光系统后是否在视网膜上成像。

4. 戴镜建议。我们现在很多的人都会说眼睛的度数又增加了，其实这应该是验光之后验光师的工作。怎么样来防止度数的增加是一个视光学专业人士所必须尽到的责任，因为这是心理与生理和生活相结合的学问。

知识点

角　膜

角膜是位于眼球前壁的一层透明膜，约占纤维膜的前1/6，从后面看角膜呈正圆形，从前面看为横椭圆形。成年男性角膜横径平均值为11.04毫米，女性为10.05毫米；竖径平均值男性为10.13毫米，女性为10.08毫米，3岁以上儿童的角膜直径已接近成人。中央瞳孔区约4毫米直径的圆形区内近似球形，其各点的曲率半径基本相等，而中央区以外的中间区和边缘部角膜较为扁平，各点曲率半径也不相等。从角膜前面测量，水平方向曲率半径为 7.8 毫米，垂直方向为 7.7 毫米，后部表面的曲率半径为 6.22 ~ 6.8 毫米。角膜厚度各部分不同，中央部最薄。

延伸阅读

影响眼压的因素

晶体混浊等，最重要伤害是视神经萎缩，人的眼球相当于灯泡，视神经就如电线，视神经细胞一个个死掉，相对应的视野就会缺损，严重就会失明。

影响眼压的因素有很多，正常人一天当中正常眼压波动是 2 ~ 3mmHg，早上一般眼压是最高的，下午可能就偏低。有一种检查，叫做 24 小时动态眼压测量，一天要测 6 次眼压，最好是每 4 小时测一次，中华眼科学会定了 6 个时间点，如果眼压一天内眼压波动在 5mmHg 之内是正常的，如果大于、等于 8mmHg，就认为是病理性眼压波动了。影响眼压的因素还有体位，躺着的时候比站着的时候眼压会高 2 ~ 3mmHg。压迫眼球，用力眨眼，都会暂时性地增大眼压，所以在测眼压的时候要配合好。在麻醉的时候眼压是下降的，不管局麻还是全身麻醉，都会对眼压有影响。年龄越大眼压越低，冬季眼压高一些，夏季低一些。食物和毒物，像咖啡因、吸烟都可使眼压升高。大量饮水，一下喝500 毫升的水，血管里的水就会被稀释了，这时候血管里的水可能就会渗到眼睛里面去，所以建议青光眼病人不要一次大量地喝水。另外 26% 的正常人局部使用 4 ~ 6 周激素药物都可以使眼压升高。

远红外线的治疗作用

我们知道，人体对远红外线的吸收取决于远红外线的波长和皮肤的状态。人体皮肤含 70% 的水。水是远红外线的良好吸收体。因此，人体对远红外线的吸收光谱近似于水。所以，远红外治疗适用于治疗浅表性疾病。但这并不妨碍治疗深部的疾病，因为可以通过介质传导、细胞共振和血液循环使疗效到达组织深部。

第一，远红外线可激活生物大分子的活性。

发挥了生物大分子调节机体代谢、免疫等活动的功能，有利于人体功能的恢复和平衡，达到防病、治病的目的。

第二，可促进和改善局部和全身的血液循环。

远红外作用于皮肤后，大部分能量被皮肤所吸收，被吸收的能量转化为热能，引起皮温升高，刺激皮肤内热感受器，通过丘脑反射，使血管平滑肌松弛，血管扩张，血液循环加强。另一方面，由于热作用，引起血管活性物质的释放，血管张力降低，浅小动脉、浅毛细血管和浅静脉扩张，血液循环加快，血液循环得以改善。

第三，可增强新陈代谢。

如果人体的新陈代谢发生了紊乱，引起了体内外物质的交换失常，那么，各种疾病将不约而至。诸如水电解质代谢的紊乱，严重的将会危及生命；糖代谢紊乱可致糖尿病；脂代谢紊乱可引起心血管疾病、肥胖症；蛋白质代谢紊乱可引起痛风等。通过远红外的热效应，可以增加细胞的活力，调节神经体液机制，加强新陈代谢，使体内的物质交换处于平稳状态。

第四，提高免疫功能。

免疫是人体的一种生理保护反应，它包括细胞免疫和体液免疫两种，对人体抵抗疾病具有极其重要的作用。经临床观察，远红外确能提高巨噬细胞的吞噬功能，调节人体细胞免疫和体液免疫功能，有利于人体的健康。

第五，消炎、镇痛。

作用机制如下：

1. 远红外的热作用通过神经体液的回答反应，消除了炎症的病理过程，使原来遭到破坏的生理平衡状态加速恢复正常，提高了局部和全身的抗病能力，同时能激活免疫细胞功能，加强了白细胞和网状皮肤细胞的吞噬功能，达到消炎抑菌的目的。

2. 远红外的热效应使皮肤温度增加，交感神经感受能力减低，血管活性物质释放，血管扩张，血流加快，血循环改善，增强了组织营养，活跃了组织代谢，提高了细胞供氧量，改善了病灶区的供血供氧状态，加强了细胞的再生能力，控制了炎症的发展并使其局部化，加速了病灶的修复。

3. 远红外的热效应，改善了微循环，建立了侧支循环，增强了细胞膜的稳定性，调节了离子的浓度，改善了渗透压，加快了有毒代谢产物的排出，加速了渗出物的吸收，导致炎症水肿的消退。

4. 镇痛作用。远红外的热效应，降低了神经末梢的兴奋性；血液循环的改善，水肿的消退，减轻了神经末梢的化学和机械刺激；远红外的热作用，提高了痛阈，以上种种，均能起到缓解疼痛的作用。远红外的生物效应，除上述的热效应之外，还有许多其他的重要的生物效应，如远红外线与生命的关系，远红外线改善微循环、活化水分子、活化组织细胞等重要功能。

第六，调节自主神经。

自主神经主要是调节内脏功能。人长期处在焦虑状态，自主神经系统持续紧张，会导致免疫功能降低，头痛、目眩、失眠乏力、四肢冰冷。远红外线可调节自主神经保持在最佳状态，以上症状均可改善或祛除。

第七，护肤美容。

远红外线照射人体产生共鸣吸收，能将引起疲劳及老化的物质，如乳酸、游离脂肪酸、胆固醇、多余的皮下脂肪等，借毛囊口和皮下脂肪的活化性，不经肾脏，直接从皮肤代谢。因此，能使肌肤光滑柔嫩。

第八，减少脂肪。

远红外线的理疗效果能使体内热能提高，细胞活化，因此促进脂肪组织代谢，燃烧分解，将多余脂肪消耗掉，进而有效减肥。

知识点

机体代谢

机体需要能量以形成新的生物并维持其生命。机体通过分解葡萄糖、氨基酸、脂肪酸等营养物质以获得能量，新分子的生成和分子的凋亡必需是同时进行才能提供维持这些生化反应进行所需的能量。所以机体需要提供能量以维持这些生化反应的进行。

延伸阅读

远红外线对人体的作用

　　红外线是在所有太阳光中最能够深入皮肤和皮下组织的一种射线。由于远红外线与人体内细胞分子的振动频率接近，"生命光波"渗入体内之后，便会引起人体细胞的原子和分子的共振，透过共鸣，分子之间摩擦生热形成热反应，促使皮下深层温度上升，并使微血管扩张，加速血液循环，有利于清除血管囤积物及体内有害物质，将妨害新陈代谢的障碍清除，重新使组织复活，促进酵素生成，达到活化组织细胞、防止老化、强化免疫系统的目的。所以远红外线对于血液循环和微循环障碍引起的多种疾病均具有改善和防治作用。

　　此外，对人体内的一些有害物质，例如食品中的重金属和其他有毒物质、乳酸、游离脂肪酸、脂肪和皮下脂肪、钠离子、尿酸、积存在毛细孔中化妆品的残余物等，就能够借助代谢的方式，不必透过肾脏，直接从皮肤和汗水一起排出，可避免增加肾脏的负担。

　　一般来说，燃料燃烧、电热器具热源等放出的红外线多属于近红外线，由于波长较短，因此产生大量的热效应，长期照射人体后会产生灼伤皮肤及对眼睛水晶体等造成伤害。波长更短的其他电磁波如紫外线、X 射线及 γ 射线等，会使原子上的电子产生游离，对人体更有伤害作用。远红外线则不然，由于波长较长，能量相对较低，所以使用时相对较少产生烫伤等危害。

　　远红外线也和家用电器所放射出的低频电磁波不同，家用电器所释出的低频电磁波可穿墙透壁及改变人体电流的特性，而被人们高度怀疑其危害性。远红外线在人体皮肤的穿透力仅有 0.01～0.1 厘米，人体本身也会放出波长约 9 微米的远红外线，所以和低频电磁波不可混为一谈。远红外线被用在许多疾病的辅助治疗上，例如筋骨肌肉酸痛、肌腱炎、压疮、烫伤及伤口不易愈合等疾病，都可以利用远红外线促进血液循环的特性，而达到辅助治疗的目的。

美丽不伤身的光子脱毛

　　光子脱毛机是运用现代高科技手段与现代医学美容相结合的产品，是全球唯一获得双项美国 FDA 认证的脱毛机，被认为是安全、有效、快捷、无副作用的永久性脱毛最新高科技产品。

　　毛发异常生长或多毛症部分属于时发性的，也可能与使用某种药物及多毛综合症有关，极大影响美观。脱毛部位主要集中于腋下、双上肢和双下肢及女性上唇部、男性腮部、颈部和胸部等。抑制毛发生长的关键在于精确地破坏毛囊中的两个重要组成部分，即毛凸和毛乳头。谈起脱毛，每位爱美女士都能列举出很多方法，受体毛困扰的女士、先生也肯定尝试过一些，但结果怎样呢？是让扰人的毛发永不再长呢，还是去了又长，越长越粗？在医疗技术日新月异的今天，人们在关注一项新的脱毛技术——光子脱毛技术。

　　光子脱毛技术是采用专利强脉冲光源的选择性光（宽光谱技术）热解原理，提供一种柔和、非介入性的疗法，利用毛囊中的黑色素细胞对特定波段的光的吸收，使毛囊产生热，从而选择性地破坏毛囊，在避免对周围组织损伤的同时达到去除毛发的效果。毛发的毛囊中含有大量的黑色素细胞，光子脱毛即选用对毛囊黑色素细胞特别敏感，而对正常表皮无损伤的光进行照射，光被毛干和毛囊中的黑色素吸收转化为热能，从而升高毛囊温度，当温度上升到足够高时毛囊结构发生不可逆转的破坏，已破坏的毛囊经过一段自然生理过程之后被去除，从而达到永久性脱毛的目的。

　　光子脱毛技术在数次治疗后对生长期的毛发达到永久性脱除的效果已被认可，治疗的具体次数与皮肤和毛发的类型等许多因素相关。光子脱毛术时间短，术后即可进行日常活动和体育锻

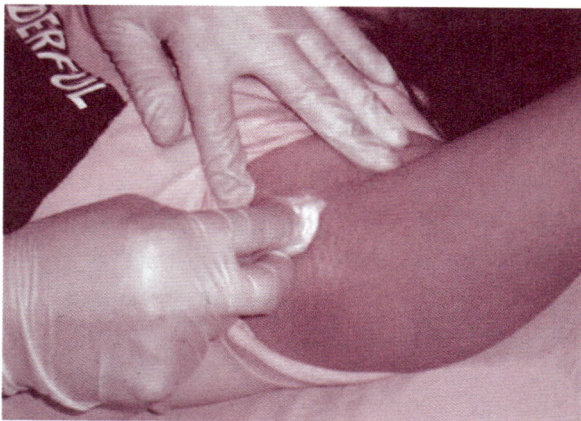

光子脱毛

炼，无需特别护理，具有快速、痛苦小、效果持久、对表皮无损伤等优点，明显优于其他传统脱毛方法，可有效去除身体任何部位，如面部、腋下、背部、腿部和其他部位不同深度、颜色和质地的毛发。

知识点

毛 发

　　毛发，分为毛干和毛根两部分。毛干是露出皮肤之外的部分，即毛发的可见部分，由角化细胞构成。组织可分为表皮、皮质及毛髓三层。毛干由含黑色素的细长细胞所构成，胞质内含有黑色素颗粒，黑色素使毛发呈现颜色。黑色素含量的多少与毛发的色泽有关。毛根是埋在皮肤内的部分，是毛发的根部。

延伸阅读

光子脱毛的优点

　　光子脱毛的特点是不会损伤表皮，不会留下瘢痕，治疗时仅轻微疼痛，在光子脱毛治疗后皮肤几乎不会受到任何影响，可以接触水，照常洗澡，照常生活、工作。

　　光子脱毛是利用选择性光热解原理进行的非介入性疗法，做到了不开刀、无创伤。通过特定的仪器发射脉冲光源来对皮肤进行照射，毛囊中的黑色素细胞会对特定波段的光进行吸收，从而加热毛囊，使其被破坏。

青春永驻的光子嫩肤

　　光子嫩肤是近些年发展起来的带有美容性治疗的一种技术。可以说是脱毛的孪生兄弟。在脱毛的过程中，我们发现经过反复的脱毛治疗后，毛区的皮肤会变得相对光滑而靓丽起来。当然首先发现这个有趣现象的是美国的皮肤科激光医生。他们惊讶地发现，当面部须发脱除后，皮肤明显地变得年轻起来。

其中有一位叫比特的旧金山著名的皮肤激光治疗医生，他对此现象非常感兴趣，并进行了大量的研究。结果发现，脱毛治疗后的这种使皮肤年轻化

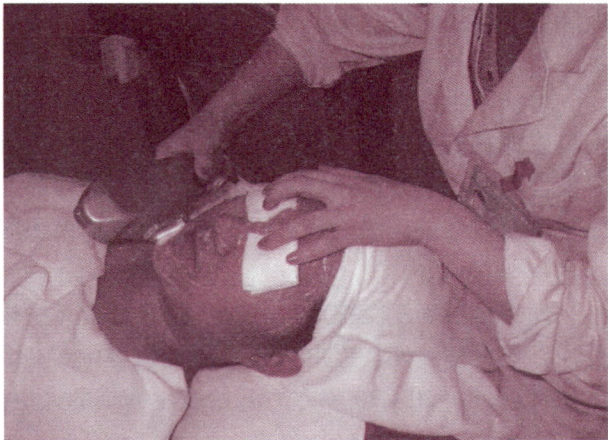

光子嫩肤

的现象并不是偶然现象，而是皮肤结构真的由于激光的照射发生了质的变化从而显得年轻起来，并发现激光并不是最理想的光源，强光才是最合适的光源。于是，发明并诞生了一种利用脉冲强光来治疗皮肤光老化的方法，经过大约5次的照射后，皮肤结构就明显改变了：皮肤的弹性增强不再松弛了，皮肤的色素斑也消失了，细小的皱纹也开始消退了。其综合的结果是使皮肤年轻而漂亮了。所以，当这一治疗技术开始应用以后，立刻受到好莱坞电影明星们的青睐，它们纷纷从洛杉矶飞往旧金山比特医生的诊所来接受这种神奇的治疗。当然他们也给这种治疗起了一个非常有意思的名字：photo rejuvenation，就是光使皮肤返老还童的意思。

总的来说，光子嫩肤实际上就是利用脉冲强光对皮肤进行一种带有美容性质的治疗，其功能是消除、减淡皮肤各种色素斑，增强皮肤弹性，消除细小皱纹，改善面部毛细血管扩张，改善面部毛孔粗大和皮肤粗糙，也能改善发黄的皮肤色彩等。

光子嫩肤涉及项目：

1. 小针拉面皮手术

最新的美容手术崇尚无瘢痕，创伤小及康复时间迅速的手术方法，令病人可以于1～2天内恢复工作，所以特别适合于较年轻，爱美及活跃的一族。

2. 肉毒杆菌素

"肉毒杆菌素"，在美容方面，主要是用来去除动态的皱纹（如皱眉纹、鱼尾纹、抬头纹）及改善国字脸及萝卜腿。若施打正确，是非常安全、有效

的除皱及改善脸形、腿形的利器。

3. 瘢痕修整

由于产生创伤的原因不同，所以修复后的瘢痕也各有其不同，因此在专业上可以把它们分成几个类型，常见的有增生性瘢痕、瘢痕疙瘩、萎缩性瘢痕、挛缩性瘢痕。对于这几种常见的瘢痕，我们目前已经有了一整套的系列方法来修复，使其在正确的治疗方法实施后得以最大限度的恢复。

4. 痤疮

痤疮是由于皮脂腺大量分泌皮脂，皮脂无法排出而使毛囊阻塞，而产生的炎症，是一种慢性炎症疾病。由于受机体内雄性激素的影响，多发于青春期，但是最近，在 20 ~ 30 岁左右开始产生痤疮的人也很多。

5. 痣

目前对付"痣"的方法通常有激光、电灼、冷冻、化学腐蚀这 4 种非手术方法和手术方法，这些方法各有优劣。

6. 面部烫伤

面部烫伤的处理应掌握其特点，根据烫伤程度，采取及时妥善处理尤为重要。

7. 皮肤脱毛

常用的脱毛方法有两种：永久性脱毛和暂时性脱毛。

光子治疗过程：

1. 戴上护目镜，并全程闭上双眼。

2. 医师会先于治疗部位涂上冰冰凉凉的专用冷凝胶。治疗时，将光子嫩肤仪的治疗头导光晶体轻放于待治疗皮肤，并开始释放强脉冲光。此时，会感到阵阵光束进入的温热感。

3. 治疗导光凝胶为水溶性物质，治疗后以清水清洗即可。

光子治疗后注意事项：

不需要特别的皮肤护理，但是建议在医生的指导下使用护肤产品，包括停止使用所有的功能性化妆品，禁止使用各种化学剥脱性治疗，禁止皮肤磨削和使用磨砂洗面奶等。由于色素斑以及各种光老化的原因是日光的照射，所以防晒和防晒霜的使用是重要的。当然皮肤保湿霜的应用也是需要的。

哪些人适合进行光子嫩肤治疗？

第一类人群：面部有点状的色素斑，无论是日光性的还是雀斑，通常这些斑给你的感觉是一种"脏脸"的感觉，尽管常用粉去遮盖，但总也不能遮盖掉。

第二类人群：面部开始出现松弛，细小皱纹，出现老年性皮肤改变。

第三类人群：想改变皮肤质地，希望皮肤的弹性更好，皮肤更光滑，改善皮肤晦暗。

第四类人群：面部皮肤粗糙、毛孔扩大、青春痘印记、面部毛细血管扩张。

通常前三类人群的治疗效果要明显一些，第四类人群的治疗效果相对要差一些。另外，光子嫩肤同其他美容治疗一样，如果您的皮肤条件越好，治疗的效果也越好；如果你的皮肤先天条件不理想，光子嫩肤治疗虽然有不俗的表现，但总的来说要差一些。

哪些人不适合做光子嫩肤治疗？

光敏感者及近期有光敏感药物应用的患者：这种人对光敏感，治疗后容易出现皮肤损伤。

妊娠期女性，因为治疗有不同程度的疼痛，理论上不能完全排除对胎儿发育可能存在的潜在影响。

长期使用维甲酸的患者，这类患者可能会有潜在的皮肤修复功能的暂时性的削弱。

黄褐斑患者的治疗要慎重，在大多数情况下光子嫩肤并不能解决黄褐斑的治疗问题，相反有时会使情况变得更糟。

对治疗效果抱有不切实际期望的患者，光子嫩肤虽然具有突出的美容能力，但是它仅仅是一种非常普通的医疗项目，不要渲染和神化，没有改变皮肤性质的能力，不要抱不切实际的期望。

光子嫩肤技术与传统嫩肤术有何区别？

在过去的十几年里，嫩肤术经历了巨大的变化。最初是采用磨削法和化学深层脱皮，进而是激光换肤术。尽管这些方法在治疗皮肤光老化的某些方面有一定疗效，但顾客通常需要一段时间停止工作，同时也伴有难以忍受的疼痛、潜在的不良反应。

目前，有些激光可以用于治疗棕色斑，其他一些激光可以用于治疗褐色斑，也有些可以用于激光面部去皱，但尚无其他技术可以获得光子嫩肤的效果——在对繁忙的现代生活方式无任何干扰的前提下整体改善皮肤病变和皮肤结构。

光子嫩肤可以治疗整个面部，从而带来超越普通美容术的愉悦效果。通常在4个多月的时间，经历5～6次治疗，光子嫩肤技术便可为患者提供逐渐地明显改善的效果。极低的风险令患者与医师都从中获得较大的满意度。

知识点

色素斑

色素斑，是皮肤黑色素颗粒分布不均匀，导致局部出现比正常肤色深的斑点、斑片。日晒过度、内分泌失调、慢性肝肠胃疾病、化妆品使用不当等，都可能是引起色素斑的诱因。可以使用非手术方法或手术方法等来治疗。

延伸阅读

光子嫩肤技术可以治疗哪些皮肤病变

所有由日光性损伤和光老化引起的面部瑕疵、毛孔粗大、肤色暗淡或其他非正常状况都会影响人的良好状态和容颜。光子嫩肤技术改善表面和深层皮肤，使皮肤嫩化并为深层肌肤带来有益的生物刺激效应。在数次治疗后，即可以发现面部的色斑明显减少，在治疗处出现更光滑的新生皮肤。这种治疗同时可以高效率地用于颈、胸部和手部等身体部位。

接受光子嫩肤治疗后还需要进行皮肤护理吗？

是的，光子嫩肤是穿透皮肤，治疗皮肤深部的病变，并使深部的胶原纤维和弹力纤维重新排列，恢复弹性。而专家建议在两次治疗间实施必要的皮肤护理，有助于皮肤的新陈代谢，重现年青光彩。

走在光学前沿的人

ZOUZAI GUANGXUE QIANYAN DE REN

　　光学研究史上有很多伟大的人物，这些走在光学前沿的人，毕生都致力于光学的研究工作，他们把自己的青春和热情全部奉献给了科学事业，取得了许多令世界瞩目的科研成果。这些光学先驱们为后来的科学家研究光学奠定了坚实的基础。

最伟大的科学家牛顿

　　艾萨克·牛顿（1643～1727），是英国伟大的数学家、物理学家、天文学家和自然哲学家。1643年1月4日生于英格兰林肯郡格兰瑟姆附近的沃尔索普村，1727年3月31日在伦敦病逝。

　　在牛顿以前，墨子、培根、达·芬奇等人都研究过光学现象。反射定律是人们很早就认识的光学定律之一。近代科学兴起的时候，伽利略靠望远镜发现了"新宇宙"，震惊了世界。荷兰数学家斯涅尔首先发现了光的折射定律。笛卡儿提出了光的微粒说……

　　牛顿以及跟他差不多同时代的列文虎克、惠更斯等人，也像伽利略、笛卡儿等前辈一样，用极大的兴趣和热情对光学进行研究。1666年，牛顿在家休假期间，得到了三棱镜，他用来进行了著名的色散试验。一束太阳光通过三棱

牛　顿

镜后，被分解成几种颜色的光谱带，牛顿再用一块带狭缝的挡板把其他颜色的光挡住，只让一种颜色的光再通过第二个三棱镜，结果出来的只是同样颜色的光。这样，他就发现了白光是由各种不同颜色的光组成的，这是他的第一大贡献。

牛顿为了验证这个发现，设法把几种不同的单色光合成白光，并且计算出不同颜色光的折射率，精确地说明了色散现象。揭开了物质的颜色之谜，原来物质的色彩是不同颜色的光在物体上有不同的反射率和折射率造成的。公元 1672 年，牛顿把自己的研究成果发表在《皇家学会哲学杂志》上，这是他第一次公开发表的论文。

许多人研究光学是为了改进折射望远镜。牛顿由于发现了白光的组成，认为折射望远镜透镜的色散现象是无法消除的（后来有人用具有不同折射率的玻璃组成的透镜消除了色散现象），就设计和制造了反射望远镜。

牛顿不但擅长数学计算，而且能够自己动手制造各种实验设备并且做精细实验。为了制造望远镜，他自己设计了研磨抛光机，实验各种研磨材料。1668年，他制成了第一架反射望远镜样机，这是他的第二大贡献。1671 年，牛顿把经过改进的反射望远镜献给了皇家学会，牛顿名声大震，并被选为皇家学会会员。反射望远镜的发明奠定了现代大型光学天文望远镜的基础。

同时，牛顿还进行了大量的观察实验和数学计算，比如研究惠更斯发现的冰川石的异常折射现象、列文虎克发现的肥皂泡的色彩现象、"牛顿环"的光学现象等等。

牛顿还提出了光的"微粒说"，认为光是由微粒构成的，并且走的是最快速的直线运动路径。他的"微粒说"与后来惠更斯的"波动说"构成了关于光的两大基本理论。此外，他还制作了牛顿色盘等多种光学仪器。

知识点

列文虎克

在物理学研究方面，他提出了描述材料弹性的基本定律——列文虎克定律，且提出了万有引力的平方反比关系。在机械制造方面，他设计制造了真空泵、显微镜和望远镜，并将自己用显微镜观察所得写成《显微术》一书，细胞一词即由他命名。在新技术发明方面，他发明的很多设备至今仍然在使用。除去科学技术，列文虎克还在城市设计和建筑方面有着重要的贡献。

延伸阅读

牛顿晚年

由于受时代的限制，牛顿基本上是一个形而上学的机械唯物主义者。他认为运动只是机械力学的运动，是空间位置的变化；宇宙和太阳一样是没有发展变化的；靠万有引力的作用，恒星永远在一个固定不变的位置上。

随着科学声誉的提高，牛顿的政治地位也得到了提升。1689年，他当选为国会中的大学代表。作为国会议员，牛顿逐渐开始疏远给他带来巨大成就的科学。他不时表示出对以他为代表的领域的厌恶。同时，他的大量的时间花费在了和同时代的著名科学家如列文虎克、莱布尼茨等进行科学优先权的争论上。

晚年的牛顿在伦敦过着堂皇的生活，1705年他被安妮女王封为贵族。此时的牛顿非常富有，被普遍认为是生存着的最伟大的科学家。他担任英国皇家学会会长，在他任职的24年时间里，他以铁拳统治着学会。没有他的同意，任何人都不能被选举。

晚年的牛顿开始致力于对神学的研究，他否定哲学的指导作用，虔诚地相信上帝，埋头于写以神学为题材的著作。当他遇到难以解释的天体运动时，提出了"神的第一推动力"的理论。他说"上帝统治万物，我们是他的仆人而敬畏他、崇拜他"。

1727年3月31日，伟大的艾萨克·牛顿逝世。同其他很多杰出的英国人一样，他被埋葬在了威斯敏斯特教堂。他的墓碑上镌刻着：让人们欢呼这样一位多么伟大的人类荣耀曾经在世界上存在。

自然科学之父伽利略

伽利略·伽利雷（1564～1642）。1564年2月15日，伽利略出生在意大利西海岸比萨城一个破落的贵族之家，他是伟大的意大利物理学家和天文学家，科学革命的先驱。

伽利略在帕多瓦大学工作期间，一个偶然的事件，使伽利略改变了研究方向。他从力学和物理学的研究转向广漠无垠的茫茫太空了。

那是1609年6月，伽利略听到一个消息，说是荷兰有个眼镜商人利帕希在一次偶然的发现中，用一种镜片看见了远处肉眼看不见的东西。"这难道不正是我需要的千里眼吗？"伽利略非常高兴。不久，伽利略的一个学生从巴黎来信，进一步证实这个消息的准确性，信中说尽管不知道利帕希是怎样做的，但是这个眼镜商人肯定是制造了一个镜管，用它可以使物体放大许多倍。

伽利略

"镜管！"伽利略把来信翻来覆去看了好几遍，急忙跑进他的实验室。他找来纸和鹅管笔，开始画出一张又一张透镜成像的示意图。伽利略由镜管这个提示受到启发，看来镜管能够放大物体的秘密在于选择怎样的透镜，特别是凸透镜和凹透镜如何搭配。他找来有关透镜的资料，不停地进行计算，忘记了暮色爬上窗户，也忘记了曙光是怎样射进房间的。

整整一个通宵，伽利略终于明白，把凸透镜和凹透镜放在一个适当的距离，就像那个荷兰人看见的那样，遥远的肉眼看不见的物体经过放大也能看清了。

伽利略非常高兴。他顾不上休息，立即动手磨制镜片，这是一项很费时间又需要细心的活儿。他一连干了好几天，磨制出一对对凸透镜和凹透镜，然后又制作了一个精巧的可以滑动的双层金属管。

伽利略小心翼翼地把一片大一点的凸透镜安在管子的一端，另一端安上一片小一点的凹透镜，然后把管子对着窗外。当他从凹透镜的一端望去时，奇迹出现了，那远处的教堂仿佛近在眼前，可以清晰地看见钟楼上的十字架，甚至连一只在十字架上落脚的鸽子也看得非常逼真。

伽利略制成望远镜的消息马上传开了。"我制成望远镜的消息传到威尼斯"，在一封写给妹夫的信里，伽利略写道，"一星期之后，就命我把望远镜呈献给议长和议员们观看，他们感到非常惊奇。绅士和议员们，虽然年纪很大了，但都按次序登上威尼斯的最高钟楼，眺望远在港外的船只，看得都很清楚；如果没有我的望远镜，就是眺望两个小时，也看不见。这仪器的效用可使 50 英里以外的物体，看起来就像在 5 英里以内那样。"

1609 年，伽利略又创制了天文望远镜，并用来观测天体，他发现了月球表面的凹凸不平，并亲手绘制了第一幅月面图。1610 年 1 月 7 日，伽利略发现了木星的 4 颗卫星，为哥白尼学说找到了确凿的证据，标志着哥白尼学说开始走向胜利。借助于望远镜，伽利略还先后发现了土星光环、太阳黑子、太阳的自转、金星和水星的盈亏现象、月球的周日和周月以及银河是由无数恒星组成的等等。这些发现开辟了天文学的新时代。这是天文学研究中具有划时代意义的一次革命，几千年来天文学家单靠肉眼观察日月星辰的时代结束了，代之而起的是光学望远镜。有了这种有力的武器，近代天文学的大门被打开了。

知识点

凹透镜

凹透镜亦称为负球透镜，镜片的中央薄，周边厚，呈凹形，故名凹透镜。凹透镜对光有发散作用。平行光线通过凹球面透镜发生偏折后，光线发散，成为发散光线，不可能形成实焦点，沿着散开光线的反向延长线，在投射光线的同一侧交于一点，形成的是一虚焦点。

延伸阅读

伽利略的科研方法

伽利略对物理规律的论证非常严格。他创立了对物理现象进行实验研究并把实验的方法与数学方法、逻辑论证相结合的科学研究方法。例如，为了说明惯性，他曾设计一个无摩擦的理想实验：在一定点 O 悬挂一单摆，将摆球拉到离竖直位置一定距离的左侧 A 点，释放小球，小球将摆到竖直位置的右侧 B 点，此时 A 点与 B 点处于同一高度。若在点 O 的正下方 C 处用钉子改变单摆的运动路线，小球将摆到与 A、B 两点同样高度的点 D。伽利略指出，对于斜面会得出同样的结论。他将两个斜面对接起来，让小球沿一个斜面从静止滚下，小球将滚上另一斜面。如果无摩擦，小球将上升到原来的高度。他推论说，如果减小第二个斜面的倾角，小球在这个斜面达到原来的高度就要通过更长的距离。然后使第二个斜面的倾角越来越小，小球将会滚得越来越远。如果第二个斜面改成水平面，小球就永远达不到原来的高度，而要沿水平面以恒定速度持续运动下去。伽利略设计的实验虽是想象中的，但却是建立在可靠的事实的基础上。把研究的事物理想化，就可以更加突出事物的主要特征，化繁为简，易于认识其规律。伽利略的这一研究自然科学新方法，有力地促进了物理学的发展，他因此被誉为是"经典物理学的奠基人"。

恒星天文学鼻祖赫歇尔

1781 年，赫歇尔发现了太阳系中的第七颗行星——天王星，还发现了土星的两颗卫星和天王星的两颗卫星。

1782 年，赫歇尔编制成了第一个双星表，他还发现了多数双星不是表面上的"光学双星"，而是真正的"物理双星"。

1783 年，赫歇尔发现了太阳的运行，他得到的太阳运动方向和现代测量数据相差不到 10°。

1786、1789、1802 年，赫歇尔先后 3 次出版星团、星云表，记录了 2 500 个星云和星团。

赫歇尔最重大的贡献，莫过于对银河系结构的研究，他是第一个确定了银河系形状大小和星数的人。

1781 年太阳系的第七颗大行星——天王星的问世，彻底改变了人类对太阳系的认识。发现者威廉·赫歇尔从此蜚声天下，从一个爱好天文学的乐师变成了精通乐理的天文学家。

赫歇尔

赫歇尔的贡献几乎涉及天文学的所有领域。在太阳系中，除了天王星外，他还发现了 4 颗卫星：天卫三、木卫四、土卫一和土卫二。通过数十年如一日 1 083 次单调枯燥的恒星计数工作，从 60 万颗恒星的测量中证明了银河系的存在，并探知了它的形状、结构与大小。尽管限于当时的条件，他的一些结论并不完全正确，但无疑他是真正的"恒星天文学之父"，是开创银河系研究的先行者。他所记录下来的星团与星云多达 2 500 个，并发现了一种新的天体——行星状星云。通过对恒星运动的研究，他指出太阳在银河系中也在运动着，即太阳率领着它的"子孙"，以每秒几十千米的巨大速度向着武仙座与天琴座毗邻的方向疾驰而去。他还是最早发现太阳有红外线发射的科学家，红外天文学也是由此发端起来的。他自己在一生中则发现了 848 对双星，并证实了维系着双星运动的是牛顿的万有引力理论，其运动遵循着开普勒定律。

威廉·赫歇尔对于天文望远镜的贡献更是无与伦比的，也是制造望远镜最多的天文学家。他一生磨制的反射镜面多达 400 多块。从 1773 年起，他亲自动手磨制镜头就磨了半个世纪。这是一项极为枯燥又繁重的体力加智慧的工作，要把一块坚硬的铜盘磨成规定的极其光洁的凹面形，表面误差比头发丝还要细许多，中途还不能停顿，其难度可想而知。所以有时他要连续干上 10 多

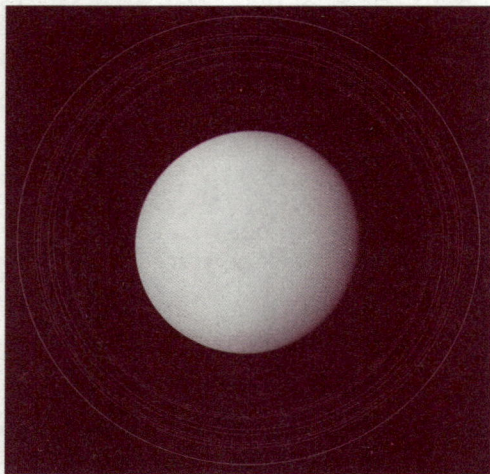

天王星

个小时，吃饭时只能由他的妹妹来喂他，而且开始时他连连失败了200多次，以至他的一个弟弟终于失去了耐心，沮丧地离他而去。直到1774年他才尝到了胜利的欢乐，制成了一架口径15厘米、长2.1米的反射望远镜，天王星正是它的突出成果。在英王乔治三世的大力支持下，通过3年多的不懈努力，终于在1789年他51岁时，制造出了称雄世界多年的最大望远镜，它的镜筒直径达15米，差不多要3个人才能合围，镜筒长12.2米，竖起来有四层楼高，光是镜头就重2吨！这架像巨型大炮似的望远镜在使用的第一夜，就发现了土星的第一颗卫星——土卫二，两个月后又发现了土卫一。

知识点

星 云

　　星云是由星际空间的气体和尘埃结合成的云雾状天体。星云里的物质密度是很低的，若拿地球上的标准来衡量的话，有些地方是真空的。可是星云的体积十分庞大，常常方圆达几十光年。所以，一般星云较太阳要重得多。

　　星云的形状是多姿多态的。星云和恒星有着"血缘"关系。恒星抛出的气体将成为星云的部分，星云物质在引力作用下压缩成为恒星。在一定条件下，星云和恒星是能够互相转化的。

　　最初所有在宇宙中的云雾状天体都被称作星云。后来随着天文望远镜的发展，人们的观测水准不断提高，才把原来的星云划分为星团、星系和星云3种类型。

延伸阅读

反射式望远镜

反射式望远镜所用物镜为凹面镜，有球面和非球面之分；比较常见的反射式望远镜的光学系统有牛顿式反射望远镜与卡塞格林式反射望远镜。反射式望远镜的性能很大程度上取决于所使用的物镜。通常使用的球面物镜具有容易加工的特点，但是如果所设计的望远镜焦比比较小，则会出现比较严重的光学球面像差；这时，由于平行光线不能精确地聚焦于一点，所以物像将会变得模糊。因而大口径，强光力的反射式望远镜的物镜通常采用非球面设计，最常见的非球面物镜是抛物面物镜。由于抛物面的几何特性，平行于物镜光轴的光线将被精确地会聚在焦点上，因而能大大改善像质。但即使是抛物面物镜的望远镜仍然会存在轴外像差。

在佛兰克林学院使用的是 24 英寸可转换牛顿—卡塞格林反射式望远镜。

理论物理学家爱因斯坦

在英国路透社评选千年风云人物的活动中，名列第一的是爱因斯坦，马克思以一分之差名列第二。

阿尔伯特·爱因斯坦（1879～1955），美国物理学家，犹太人，据说智商达到160，现代物理学的开创者和奠基人，相对论"质能关系"的提出者，"决定论量子力学诠释"的捍卫者（振动的粒子）——不掷骰子的上帝。1999年12月26日，爱因斯坦被美国《时代周刊》评选为"世纪伟人"。

早在16岁时，爱因斯坦就从书本上了解到光是以很快速度前进的电磁波，他产生了一个想法，如果一个人以光的速度运动，他将看到一幅什么样的世界景象呢？他将看不到前进的光，只能看到在空间里振荡着却停滞不前的电磁场。这种事可能发生吗？

与此相联系，他非常想探讨与光波有关的所谓"以太"的问题。以太这个名词源于希腊，用以代表组成天上物体的基本元素。17世纪，笛卡儿首次将它引入科学，作为传播光的媒质。其后，惠更斯进一步发展了以太学说，认为荷载光波的媒介物是以太，它应该充满包括真空在内的全部空间，并能渗透到通常的物质中。与惠更斯的看法不同，牛顿提出了光的微粒说。牛顿认为，发光体发射出的是以直线运动的微粒粒子流，粒子流冲击视网膜就引起视觉。18世纪，牛顿的微粒说占了上风；然而到了19世纪，却是波动说占了绝对优势，以太的学说也因此大大发展。当时的看法是，波的传播要依赖于媒质，因为光可以在真空中传播，传播光波的媒质是充满整个空间的以太，也叫光以太。与此同时，电磁学得到了蓬勃发展，经过麦克斯韦、赫兹等人的努力，形成了成熟的电磁现象的动力学理论——电动力学，并从理论与实践上将光和电磁现象统一起来，认为光就是一定频率范围内的电磁波，从而将光的波动理论与电磁理论统一起来。以太不仅是光波的载体，也成了电磁场的载体。直到19世纪末，人们企图寻找以太，然而从未在实验中发现以太。

但是，电动力学遇到了一个重大的问题，就是与牛顿力学所遵从的相对性原理不一致。关于相对性原理的思想，早在伽利略和牛顿时期就已经有了。电磁学的发展最初也是纳入牛顿力学的框架，但在解释运动物体的电磁过程时却遇到了困难。按照麦克斯韦理论，真空中电磁波的速度，也就是光的速度是一个恒量，然而按照牛顿力学的速度加法原理，不同惯性系的光速不同，这就出现了一个问题：适用于力学的相对性原理是否适用于电磁学？例如，有两辆汽车，一辆向你驶近，一辆驶离。你看到前一辆车的灯光向你靠近，后一辆车的灯光远离。按照麦克斯韦的理论，这两种光的速度相同，汽车的速度在其中不起作用。但根据伽利略理论，这两项的测量结果不同。向你驶来的车将发出的光加速，即前车的光速＝光速＋车速；而驶离车的光速较慢，因为后车的光速＝光速－车速。麦克斯韦与伽利略关于速度的说法明显相悖。我们如何解决这一分歧呢？

19世纪理论物理学达到了巅峰状态，但其中也隐含着巨大的危机。海王星的发现显示出牛顿力学无比强大的理论威力，电磁学与力学的统一使物理学显示出一种形式上的完整，并被誉为"一座庄严雄伟的建筑体系和动人心弦的美丽的庙堂"。在人们的心目中，古典物理学已经达到了近乎完美的程度。德国著名的物理学家普朗克年轻时曾向他的老师表示要献身于理论物理学，老师劝他说："年轻人，物理学是一门已经完成了的科学，不会再有多大的发展了，将一生献给这门学科，太可惜了。"

爱因斯坦似乎就是那个将构建崭新的物理学大厦的人。在伯尔尼专利局的日子里，爱因斯坦广泛关注物理学界的前沿动态，在许多问题上深入思考，并形成了自己独特的见解。在 10 年的探索过程中，爱因斯坦认真研究了麦克斯韦电磁学理论，特别是经过赫兹和洛伦兹发展和阐述的电动力学。爱因斯坦坚信电磁学理论是完全正确的，但是有一个问题使他不安，这就是绝对参照系以太的存在。他阅读了许多著作发现，所有人试图证明以太存在的试验都是失败的。经过研究爱因斯坦发现，除了作为绝对参照系和电磁

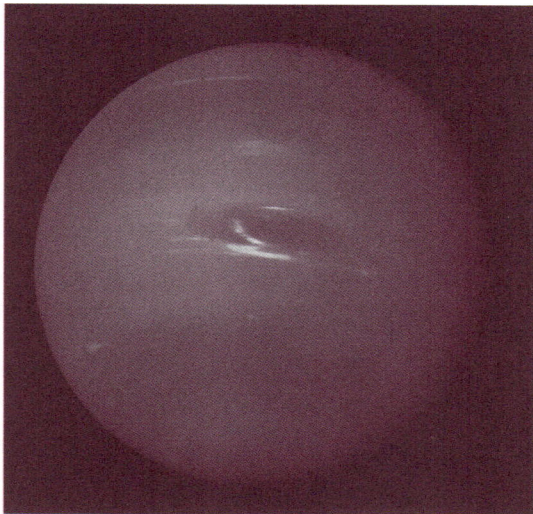

海王星

场的荷载物外，以太在洛伦兹理论中已经没有实际意义。于是他想到：以太绝对参照系是必要的吗？电磁场一定要有荷载物吗？

爱因斯坦喜欢阅读哲学著作，并从哲学中吸收思想营养，他相信世界的统一性和逻辑的一致性。相对性原理已经在力学中被广泛证明，但在电动力学中却无法成立，对于物理学这两个理论体系在逻辑上的不一致，爱因斯坦提出了怀疑。他认为，相对论原理应该普遍成立，因此电磁学理论对于各个惯性系应该具有同样的形式，但在这里出现了光速的问题。光速是不变的量还是可变的量，成为相对性原理是否普遍成立的首要问题。当时的物理学家一般都相信以太，也就是相信存在着绝对参照系，这是受到牛顿的绝对空间概念的影响。19世纪末，马赫在所著的《发展中的力学》中，批判了牛顿的绝对时空观，这给爱因斯坦留下了深刻的印象。1905 年 5 月的一天，爱因斯坦与一个朋友贝索讨论这个已探索了 10 年的问题，贝索按照马赫主义的观点阐述了自己的看法，两人讨论了很久。突然，爱因斯坦领悟到了什么，回到家经过反复思考，终于想明白了问题。第二天，他又来到贝索家，说：谢谢你，我的问题解决了。原来爱因斯坦想清楚了一件事：时间没有绝对的定义，时间与光信号的速度有一种不可分割的联系。他找到了开锁的钥匙，经过 5 个星期的努力工作，爱因斯坦把狭义相对论呈现在人们面前。

知识点

理论物理学

物理学的分支学科。从各类物理现象的普遍规律出发，运用数学理论和方法，系统深入地阐述有关概念、现象及其应用。

如狭义相对论、爱因斯坦的时空观之类的都属于理论物理学。当前，霍金就是一名还在世的理论物理学大师。

理论物理学的常用方法是理想实验，就是在脑子里做实验。爱因斯坦就有一个理想实验，《高中物理必修2》中有记载。

理论物理学通过为现实世界建立数学模型来试图理解所有物理现象的运行机制。通过"物理理论"来条理化、解释、预言物理现象。丰富的想象力、精湛的数学造诣、严谨的治学态度，这些都是成为理论物理学家需要培养的优良素质。例如，在19世纪中期，物理大师詹姆斯·麦克斯韦觉得电磁学的理论杂乱无章、急需整合，尤其是其中许多理论都涉及超距作用的概念。麦克斯韦对于这一概念极为反对，他主张用场论来解释。例如，磁铁会在四周产生磁场，而磁场会施加磁场力于铁粉，使得这些铁粉依着磁场力的方向排列，形成一条条的磁场线；磁铁并不是直接施加力量于铁粉，而是经过磁场施加力量于铁粉；麦克斯韦尝试朝着这个方向开辟一条思路。他想出的"分子涡流模型"，借用流体力学的一些数学框架，能够解释所有那时已知的电磁现象。更进一步，此模型还展示出一个崭新的概念——电位移。由于此概念，他推理电磁场能够以波动形式传播于空间，他又计算出其波速恰巧等于光速。因此，麦克斯韦断定光波就是一种电磁波。

延伸阅读

巨星陨落，举世同悲

1955年4月18日，人类历史上最伟大的科学家之一，阿尔伯特·爱因斯坦因主动脉瘤破裂逝世于美国普林斯顿。

在爱因斯坦去世的前几天还录音对以色列广播，他说："我们这个时代最大的问题是人类分成两个互相敌对的阵营：共产世界和所谓的自由世界。由于'自由'及'共产'这两个词的意义对我很难理解，我宁愿用'东方'和'西方'的权力冲突来说，然而，这地球是圆的，这样'东方'和'西方'的真正精确意义也不能清楚。"

爱因斯坦生前不要"风光"，死后更不要"风光"。他留下遗嘱，要求不发讣告，不举行葬礼。他把自己的大脑供给医学研究，身体火葬焚化，骨灰秘密地撒在不让人知道的河里，不要有坟墓也不想立碑。在把他的遗体送到火葬场火化的时候，随行的只有他最亲近的 12 个人，而其他人对于火化的时间和地点都不知道。

爱因斯坦在去世之前，把他在普林斯顿默谢雨街 112 号的房子留给跟他工作了几十年的秘书杜卡斯小姐，并且强调："不许把这房子变成博物馆。"他不希望把默谢雨街变成一个朝圣地。他一生不崇拜偶像，也不希望以后的人把他当作偶像来崇拜。

爱因斯坦曾经说过："我自己不过是自然的一个极微小的部分。"他把一切献给了人类从自然界获得自由的征程，最后连自己的骨灰也回到了大自然的怀抱。但是正如英费尔德第一次与他接触时所感受到的那样："真正的伟大和真正的高尚总是并肩而行的。"爱因斯坦的伟大业绩和精神永远留给了人类。

中国光学先驱赵友钦

赵友钦，或名敬，字子恭，自号缘督，因此别人就称他为缘督先生。宋末元初人。他是宋室汉王十二世子孙。籍贯为江西鄱阳。宋朝灭亡后，为避免受到新王朝的迫害，他浪迹江湖，隐逸道家。

赵友钦是我国古代卓越的科学家，在天文学、数学和光学等方面都有成就。他注《周易》数万言，著有《革象新书》《金丹正理》《盟天录》《推步立成》等书，可惜除《革象新书》外的其他著述，都已失散了。

我国古代光学有着许多辉煌的成就，如对光的直线传播、小孔成像等现象，很早就有研究。《墨经》《梦溪笔谈》在这方面都有记载。然而对光线直进、小孔成像与照明度最有研究并最早进行大规模实验的当推赵友钦。他的这些实验在世界物理学史上是首创的，它被记载在《革象新书》的"小罅光景"那一部分中。

"小罅光景"中介绍了两个关于小孔成像的光学实验。

第一个是利用壁间小孔成像。

第二个实验则是一个在楼房中进行的、更为复杂的大型实验。

分 5 步进行：

1. 光源、小孔、像屏三者距离保持不变。

2. 改变光源的形状，做了"小景随日月亏食"的模拟实验。

3. 改变像距。

4. 改变物距。

5. 改变孔的大小和形状。

赵友钦在结束"小罅光景"篇时最后写道："是故小景随光之形，大景随空之象，断乎无可疑者。"

此外，他还研究了"月体半明"的问题。他将一个黑漆球挂在屋檐下，比作月球，反射太阳光。黑漆球总是半个球亮半个球暗。人从不同位置去看黑球，看到黑球反光部分的形状不一样。他通过这个模拟实验，形象地解释了月的盈亏现象。

他对视角问题也有自己的看法。他说："远视物则微，近视物则大"，"近视物则虽小犹大，远视物则虽广犹窄。"

赵友钦既重视实验，又重视理论探索。在安排实验步骤时，每个步骤都确定一个因素作为研究对象，而将其他的因素控制不变。这种思想方法也是十分科学的。

如果把赵友钦称为 13 世纪末的光学实验物理学家，他是当之无愧的。

知识点

道　家

道家，先秦时期的一个思想派别，以老子、庄子、杨朱为主要代表。道家的思想崇尚自然，有辩证法的因素和无神论的倾向，同时主张清静无为，反对斗争。

延伸阅读

《革象新书》

该书主要内容有数学、天文学和光学的研究。在《革象新书》第五卷"乾象周髀"中记载赵友钦对于圆周率的研究，他的研究有两个特点。

其一，他分析了历代圆周率的近似值，并提出了外圆内接正四边形起算圆周率的方法，由圆内接正方形算起，逐次由四边求八边，八边求十六边，求到16 384边，获得近似值为3. 141 592，验证了祖冲之 π 值估计的正确性。他熟练地应用半圆内圆周角为直角的性质，计算倍增边数后的圆内接正多边形的边长，直到12次增边后得到的正16 384边形的边长。

其二，在他的计算中可以看出他对极限有一定的认识，他认为"其初之小方，渐家渐展，渐满渐实，角数愈多而其为方者不复为方而为圆矣。故自一、二次求之以至十二次，可谓极其精密，若兹兹求之，虽至千万次，其数终不穷"。这是刘徽极限思想的继续和发展。赵友钦这一项研究的主要贡献，是在割圆术和祖率之间，找到一个可信的衔接线索；他不但肯定了祖冲之 π 值的正确，而且还证实割圆术的本质性及其效力；这也使得后者在缀术不详的状况下，成为非常珍贵的史料。

天体物理学家开普勒

开普勒出生在德国南部的瓦尔城。他的一生颠沛流离，是在宗教斗争（天主教和新教）情势中度过的。开普勒原是个新教徒，从学校毕业后，进入新教的神学院——杜宾根大学攻读，本想将来当个神学者，但后来却对光学发生了浓厚兴趣并爱好起来。

开普勒在光学领域的贡献是非常卓越的。他是近代光学的奠基者。1604年发表《对威蒂略的补充，天文光学说明》。他研究了小孔成像，并从几何光学的角度加以解释说明。他指出光的强度与光源的距离的平方成反比。开普勒研究过光的折射问题，1611 年，开普勒发表了《折光学》一书，阐述了光的折射原理，认为折射的大小不能单单从物质密度的大小来考虑。例如油的密度

比水的密度小，而它的折射却比水的折射大。从而为折射望远镜的发明奠定了基础。

开普勒还发现大气折射的近似定律，用很简单的方法计算大气折射，并且说明在天顶大气折射为零。他最先认为大气有重量，并且正确地说明月全食时月亮呈红色是由于一部分太阳光被地球大气折射后投射到月亮上而造成的。

他最早提出了光线和光束的表示法，还成功地改进了望远镜。他把伽利略望远镜的凹透镜目镜改成小凸透镜，这种望远镜被称为开普勒望远镜。

开普勒还对人的视觉进行了研究，纠正了以前人们所认为的视觉是由眼睛发射出光的错误观点。他认为人看见物体是因为物体所发出的光通过眼睛的水晶体投射在视网膜上，并且解释了产生近视眼和远视眼的原因。

开普勒

知识点

光 学

光学，是研究光（电磁波）的行为和性质，以及光和物质相互作用的物理学科。传统的光学只研究可见光，现代光学已扩展到对全波段电磁波的研究。光是一种电磁波，在物理学中，电磁波由电动力学中的麦克斯韦方程组描述；同时，光具有波粒二象性，需要用量子力学表达。

延伸阅读

开普勒早期科学研究

早期的开普勒深受柏拉图和毕达哥拉斯神秘主义宇宙结构论的影响，以数学的和谐性去探索宇宙。他用古希腊人已经发现的 5 个正多面体，跟当时已知的 6 颗行星的轨道套叠，从而解释了太阳系中包括地球在内恰好有 6 颗行星以及它们的轨道大小的原因。他把这些结论整理成书发表，定名为《宇宙的秘密》。这个设想虽带有神秘主义色彩，但却也是一个大胆的探索。

开普勒在天文学研究方面的天赋，是被第谷独具慧眼发现的，第谷是当时最卓越的天文观察家，他测量了无数恒星的位置和行星的运动，发现了许多新的现象，如黄赤交角的变化，月球运行的二均差，以及岁差的测定等。第谷最大的天文学成就就是发现了开普勒。第谷在临终前将自己多年积累的天文观测资料全部交给了开普勒，再三叮嘱开普勒要继续他的工作，并将观察结果出版发表。开普勒接过了第谷尚未完成的研究工作。后来，开普勒在伽利略的影响下，通过对行星运动进行深入的研究，抛弃了柏拉图和毕达哥拉斯的学说，逐步走上了真理和科学的轨道。

法国科学家笛卡儿

勒奈·笛卡儿（1596～1650），出生于法国，是法国数学家、科学家和哲学家。

笛卡儿不仅在哲学领域里开辟了一条新的道路，同时笛卡儿又是一勇于探索的科学家，在物理学、生理学等领域都有值得称道的创见，特别是在物理学方面作出了很大的贡献。从 1619 年读了约翰尼斯·开普勒的光学著作后，笛卡儿就一直关注着透镜理论；并从理论和实践两方面参与了对光的本质、反射与折射率以及磨制透镜的研究。他把光的理论视为整个知识体系中最重要的部分。

笛卡儿运用他的坐标几何学从事光学研究，在《屈光学》中第一次对折射定律提出了理论上的推证。他认为光是以压力的形式在传播，他从光的发射论的观点出发，用网球打在布面上的模型来计算光在两种媒质分界面上的反射、折射和全反射，从而首次在假定平行于界面的速度分量不变的条件下导

笛卡儿

157

出折射定律；不过他的假定条件是错误的，他的推证得出了光由光疏媒质进入光密媒质时速度增大的错误结论。他还对人眼进行光学分析，解释了视力失常的原因是晶状体变形，设计了矫正视力的透镜。

知识点

几何光学

　　几何光学是光学学科中以光线为基础，研究光的传播和成像规律的一个重要的实用性分支学科。在几何光学中，把组成物体的物点看作是几何点，把它所发出的光束看作是无数几何光线的集合，光线的方向代表光能的传播方向。在此假设下，根据光线的传播规律，在研究物体被透镜或其他光学元件成像的过程，以及设计光学仪器的光学系统等方面都显得十分方便和实用。

延伸阅读

笛卡儿的影响

　　笛卡儿的学说有广泛的影响。他的"我思故我在"，强调认识中的主观能动性，直接启发了康德，成为从康德到黑格尔的德国古典哲学的主题，推动了辩证法的发展。正如他的解析几何引出微积分一样。经过他改造的"上帝"观念，也鼓励了斯宾诺莎对它作进一步的改造，把"上帝"等同于自然，用唯物主义克服二元论。在笛卡儿以后，为了克服他所造成的困难，人们作出了种种努力。在"笛卡儿学派"中，马勒伯朗士站在唯心主义一边，强调上帝的作用，认为人们的认识完全依赖于上帝。莱布尼茨也用上帝的"前定和谐"来说明身和心的无联系的一致。另一些人则站在笛卡儿"物理学"的机械唯物主义一边，克服他的"形而上学"中的唯心主义，把唯物主义的第二种形态发展到高峰。

光学研究者惠更斯

克里斯蒂安·惠更斯（1629～1695）于1629年4月14日出生于海牙，是荷兰著名的物理学家、天文学家、数学家，他是介于伽利略与牛顿之间一位重要的物理学先驱，是历史上最著名的物理学家之一，他对力学的发展和光学的研究都有杰出的贡献。

1645～1647年在莱顿大学学习法律与数学；1647～1649年转入布雷达学院深造。在阿基米德等人著作及笛卡儿等人直接影响下，致力于力学、光波学、天文学及数学的研究。他善于把科学实践和理论研究结合起来，透彻地解决问题。因此，在摆钟的发明、天文仪器的设计、弹性体碰撞和光的波动理论等方面都有突出成就。

惠更斯原理是近代光学的一个重要基本理论。但它虽然可以预料光的衍射现象的存在，却不能对这些现象作出解释，也就是它可以确定光波的传播方向，而不能确定沿不同方向传播的振动的振幅。因此，惠更斯原理是人类对光学现象的一个近似的认识。直到后来，菲涅耳对惠更斯的光学理论作了发展和补充，创立了"惠更斯—菲涅耳原理"，才较好地解释了衍射现象，完成了光的波动说的全部理论。

1678年，他在法国科学院的一次演讲中公开反对了牛顿的光的微粒说。他说，如果光是微粒性的，那么光在交叉时就会因发生碰撞而改变方向。可当时人们并没有发现这一现象，而且利用微粒说解释折射现象，将得到与实际相矛盾的结果。因此，惠更斯在1690年出版的《光论》一书中正式提出了光的波动说，建立了著名的惠更斯原理。在此原理基础上，他推导出了光的反射和折射定律，圆满地解释了光速在光密介质中减小的原因，同时还解释了光进入冰洲石所产生的双折射现象，认为这是由于冰洲石分子微粒为椭圆形所致。

惠更斯

知识点

天文学

天文学是研究宇宙空间天体、宇宙的结构和发展的学科。内容包括天体的构造、性质和运行规律等。主要通过观测天体发射到地球的辐射，发现并测量它们的位置，探索它们的运动规律，研究它们的物理性质、化学组成、内部结构、能量来源及其演化规律。天文学是一门古老的科学，自有人类文明史以来，天文学就有重要的地位。

延伸阅读

惠更斯在天文学方面的研究

惠更斯在天文学方面有着很大的贡献。他设计制造的光学和天文仪器精巧超群，如磨制了透镜，改进了望远镜（用它发现了土星光环等）与显微镜，惠更斯目镜至今仍然采用，还有几十米长的"空中望远镜"（无管、长焦距、可消色差）、展示星空的"行星机器"（即今天文馆雏型）等。

他把大量的精力放在了研制和改进光学仪器上。当惠更斯还在荷兰的时候，就曾和他的哥哥一起以前所未有的精度成功地设计和磨制出了望远镜的透镜，进而改良了开普勒的望远镜。惠更斯利用自己研制的望远镜进行了大量的天文观测。因此，他得到的报酬是解开了一个由来已久的天文学之谜。伽利略曾通过望远镜观察过土星，他发现了"土星有耳朵"，后来又发现了土星的"耳朵"消失了。伽利略以后的科学家对此问题也进行过研究，但都未得要领。"土星怪现象"成了天文学上的一个谜。当惠更斯将自己改良的望远镜对准这颗行星时，他发现了在土星的旁边有一个薄而平的圆环，而且它很倾向地球公转的轨道平面。伽利略发现的"土星耳朵"消失，是由于土星的环有时候看上去呈现线状。以后惠更斯又发现了土星的卫星——土卫六，并且还观测到了猎户座星云、火星极冠等。

波动光学研究者菲涅耳

菲涅耳（1788～1827）是法国物理学家和铁路工程师。1788 年 5 月 10 日生于布罗利耶，1806 年毕业于巴黎工艺学院，1809 年又毕业于巴黎桥梁与公路学校。1823 年当选为法国科学院院士，1825 年被选为英国皇家学会会员。1827 年 7 月 14 日因肺病医治无效而逝世，年仅 39 岁。

菲涅耳的科学成就主要有两个方面。一是衍射。他以惠更斯原理和干涉原理为基础，用新的定量形式建立了惠更斯—菲涅耳原理，完善了光的衍射理论。他的实验具有很强的直观性、敏锐性，很多现仍通行的实验和光学元件都冠有菲涅耳的姓氏，如：双面镜干涉、波带片、菲涅耳透镜、圆孔衍射等。另一成就是偏振。他与阿拉果一起研究了偏振光的干涉，确定了光是横波（1821）；他发现了光的圆偏振和椭圆偏振现象（1823），用波动说解释了偏振面的旋转；他推出了反射定律和折射定律的定量规律，即菲涅耳公式；解释了马吕斯的反射光偏振现象和双折射现象，奠定了晶体光学的基础。

菲涅耳

菲涅耳由于在物理光学研究中的重大成就，被誉为"物理光学的缔造者"。

知识点

晶体光学

晶体光学是研究光在单晶体中传播及其伴生现象的分支学科。立方晶体中光的传播是各向同性的，与均匀非晶体没有差别。在其他 6 个晶系的晶体中，光的传播的共同特点是各向异性。因此晶体光学研究的对象实质上是各向异性光学媒质，包括液晶在内。

延伸阅读

菲涅耳主要成就

他的主要成就大多集中在光学的衍射和偏振方面。他的研究工作的特点是：精心设计实验，并将实验结果和波动说理论进行比较，进而建立完善的理论，再由实验和计算加以验证。可以说他的一生，为波动光学从实验到理论的建立起了不可磨灭的作用。

实验物理学家伦琴

威廉·康拉德·伦琴（1845～1923），德国物理学家。1845 年 3 月 27 日生于莱纳普。3 岁时全家迁居荷兰并入荷兰籍。1865 年迁居瑞士苏黎世，伦琴进入苏黎世联邦工业大学机械工程系，1868 年毕业。1869 年获苏黎世大学博士学位，并担任了物理学教授 A·孔脱的助手；1870 年随同孔脱返回德国，1871 年随孔脱到维尔茨堡大学，1872 年又随孔脱到斯特拉斯堡大学工作。1894 年任维尔茨堡大学校长，1900 年任慕尼黑大学物理学教授和物理研究所主任。1923 年 2 月 10 日在慕尼黑逝世。

　　伦琴一生在物理学许多领域中进行过实验研究工作，如对电介质在充电的电容器中运动时的磁效应、气体的比热容、晶体的导热性、热释电和压电现象、光的偏振面在气体中的旋转、光与电的关系、物质的弹性、毛细现象等方面的研究都作出了一定的贡献，由于他发现 X 射线而赢得了巨大的荣誉，以致上述贡献大多不为人所注意。

　　1895 年 11 月 8 日，伦琴在进行阴极射线的实验时第一次注意到放在射线管附近的氰亚铂酸钡小屏上发出微光。经过几天废寝忘食的研究，他确定了荧光屏的发光是由于射线管中发

伦琴

出的某种射线所致。因为当时对于这种射线的本质和属性还了解得很少，所以他称它为 X 射线，表示未知的意思。同年 12 月 28 日，《维尔茨堡物理学医学学会会刊》发表了他关于这一发现的第一篇报告。他对这种射线继续进行研究，先后于 1896 年和 1897 年又发表了新的论文。1896 年 1 月 23 日，伦琴在自己的研究所中作了第一次报告；报告结束时，用 X 射线拍摄了维尔茨堡大学著名解剖学教授克利克尔一只手的照片；克利克尔带头向伦琴欢呼三次，并建议将这种射线命名为伦琴射线。

　　此时，发现 X 射线的新闻在全世界引起了巨大的震动。当时人们对这些射线无限惊讶：几乎任何东西对它们来说都是透明的，用这些射线人们可以看见自己的骨骼。没有肉但是带有指环的手指，十分清楚，像嵌入体内的子弹一样。人们立即就领悟到它对医学的影响。1 月 23 日，伦琴为物理学医学学会作了关于他的发现的唯一的一次公开讲演。人们以暴风雨般的掌声向他致意。以那时的知识来说，伦琴关于 X 射线的工作是完全够格的了，但他没有理解 X 射线的性质。1895 年伦琴的著名论文的最后，他写道：这些新射线不会是以太的纵振动吧？我必须承认在我的研究过程中我越来越相信了，因此对我来说应该宣布我的猜测，虽然我很清楚这种解释需要进一步的确证。这个"进一步的确证"始终没有得到，而且，花了整整 16 年，依靠了马克斯·冯·劳厄和弗里德里希以及克尼平的工作才解决了关于 X 射线性质的争论。

　　在发现了 X 射线后的数月中，伦琴收到了来自世界各地的讲学邀请，但

是除了一个例外他谢绝了所有的邀请，因为他要继续研究他的 X 射线。他给请他去演示新射线的同行们写了短信，表达他的歉意，说明他没有时间作任何报告或表演。唯一的例外是对皇帝，1896 年 1 月 13 日他给皇帝演示了他的 X 射线。要给皇帝表演这件事一直使伦琴感到紧张，"我希望我使用这个管子时将托皇帝之福，遇上好运气"，他说，"因为这些管子是非常易碎的，经常被损坏，抽空一根管子需要四天。"但是没有出什么事。伦琴收到的这样一种去宫廷的邀请，除了讲演和演示之外，还要与皇帝一同进餐，接受一枚勋章。离去时，为了表示对陛下的尊敬，还得退着走出来。关于这一点，理查德·威尔斯泰特（对叶绿素复杂机制作出解释的有机化学家）说，他和氨的合成者弗里茨·哈伯，在取得了他们的发现后，也曾期待着皇帝的邀请。所以他们练习倒退着走路。威尔斯泰特是一位精制瓷器的收集者，在他们练习倒走的房间里有一只昂贵的瓷瓶，不出所料，他们的练习以这只瓷瓶被打碎而告终。虽然他们没有受到皇帝邀请，但他们所做的练习并不是徒劳无益的。后来两人都获得了诺贝尔奖金。按

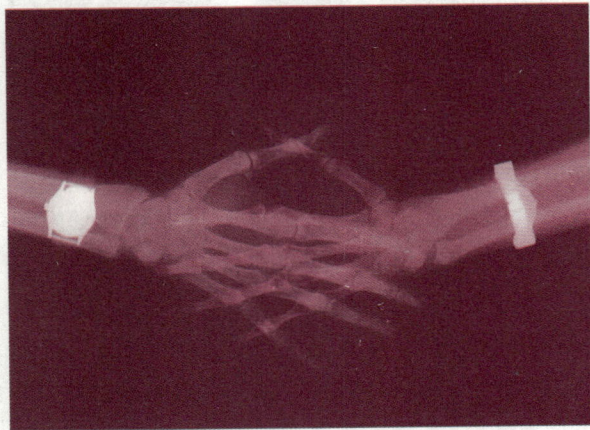

十指紧扣的双手

照礼节，在他们从瑞典国王手中接过奖品之后必须倒退着走路。伦琴发现了 X 射线之后，物理学家和医学界人士赶紧研究这种新的射线。在 1896 年已有 1 000 篇以上关于这个课题的论文。在 1896～1897 年间，伦琴自己只写了两篇关于 X 射线的文章。然后，他回到原先研究的课题上去，在以后的 24 年里写过 7 篇只引起短暂兴趣的文章，而把对 X 射线的研究让给了其他的年轻的新生力量。对他这样的做法的理由，人们只能推测而已。1901 年伦琴获得了第一个物理学诺贝尔奖金。1900 年他已搬到了慕尼黑，在那里，他成为实验物理研究所所长。1914 年，他在著名的德国科学家表示他们与军国主义德国休戚相关的宣言上签了名，但后来他对此感到懊悔。在第一次世界大战期间和随后的通货膨胀中，他相当苦恼。1923 年 2 月 10 日，伦琴在慕尼黑逝世，享年 78 岁。

知识点

阴极射线

阴极射线是在 1858 年利用低压气体放电管研究气体放电时被发现的。1897 年汤姆孙根据放电管中的阴极射线在电磁场和磁场作用下的轨迹确定阴极射线中的粒子带负电，并测出其比荷，这在一定意义上来说是历史上第一次发现电子，12 年后密立根用油滴实验测出了电子的电荷。

延伸阅读

伦琴奖金

伦琴奖金是德国吉森尤斯图斯·利比希大学颁发一项奖励，由德国的两家公司于 1974 年共同设立的，它们是韦茨拉尔的阿图尔普法伊菲尔股份有限公司和霍伊歇尔海姆－吉森的顺克·埃贝股份有限公司。这两家公司为伦琴奖金一直担保了 6 年，也就是说一直担保到 1980 年。伦琴奖金每年颁发一次，奖金金额为 5 000 马克，主要授予年轻科学家，奖励他们在放射物理学与放射生物学领域基础研究中所写的优秀论文或其他形式的杰出贡献。伦琴奖金的评选委员会由两家创办公司和吉森大学的代表组成，负责对由颁奖委员会推荐出的候选人进行评选。伦琴奖金可授予一人，也可由几人分享。

诺贝尔奖获得者李普曼

李普曼（1845～1921）因发明基于干涉现象的彩色照相术，获得了 1908 年度诺贝尔物理学奖。

　　李普曼是法国著名的物理学家，1845 年 8 月 16 日出生于卢森堡。父亲是洛林人，母亲是阿尔萨斯人。他俩都在卢森堡的贵族官府里当家庭教师，生活是优裕的。但是他们深感自己是法国人，理应使儿子在祖国的怀抱里被教养成人。在李普曼 3 岁时，尽管主人再三挽留，他的父母还是辞职离开了卢森堡，回到法国，在巴黎文化气氛最浓厚的拉丁区安了家。

　　李普曼生在这样一个书香之家，父母又都是踏踏实实、谦虚谨慎、有教养的人。他们对待学问的态度是严肃认真、一丝不苟的。这对李普曼思想品德的形成起了潜移默化的作用。李普曼胸怀大志，又能埋头苦干。他在 1868 年考上了巴黎高等师范学校教育系，但是由于他对数理表现出很浓厚的兴趣，所以在第二年就转入物理系。在此后的 10 年里，他对物理学各方面都有所探究，特别是对实验物理学作出了很多贡献。1882 年，他应聘担任巴黎大学数理教授，后来由于他在实验物理学方面取得了优异成绩而名扬国内外。1886 年他被选为法国科学院院士。

李普曼

　　1891 年，李普曼发明了彩色照片的复制方法，即彩色照相干涉法。该法不用染料和颜料，而是利用各种不同波长的天然颜色。李普曼是这样描述他的彩色照相法的："把带有灵敏照相胶片的平板放入一个装有水银的盒子中，在曝光期间，水银与该灵敏胶片接触，形成了一个反射面。曝光后，按照普通方法把感光板进行处理，待该板干了以后，颜色就出现了。这种色彩可以通过反射看见，且永久不褪，这一结果是因为在灵敏胶片内部发生了干涉现象。在曝光期间，入射光与被反射面反射的光线发生干涉，从而在半个波长处形成了干涉条纹。正是这些条纹通过照相法记录在胶片中，从而留下了投射光线特征。当以后用白光照射观察底片时，由于选择反射的原因，底片上的每一点只把那些已记录在其上经过选择了的颜色反射到人们眼中，而其他颜色都通过干涉相消。因此，人们在照片上每一点都看到了像所呈现的颜色，而这仅仅是一种选择反射现象。照片本身是由没有彩色的物质构成的。"

由于这种彩色照相干涉法需要较长的曝光时间，而且产生的颜色不饱和，因而这一方法最终被麦克斯韦的三色照相法所取代，但它仍是彩色摄影进展中的重要一步。

李普曼在物理学上造诣很深，研究的范围也很广，特别是对电学、热学、光学和光电学的研究，成绩卓著，当时欧洲科学界公认他是权威。

1912 年，李普曼被选为法国科学院院长。1921 年，李普曼去加拿大和美国讲学，在国外生了病，返回途中于 7 月 13 日逝世。

知识点

水　银

学名为汞，一种有毒的银白色一价和二价重金属元素，它是常温下唯一的液体金属，游离存在于自然界并存在于辰砂、甘汞及其他几种矿中。常常用焙烧辰砂和冷凝汞蒸气的方法制取汞，主要用于科学仪器（电学仪器、控制设备、温度计、气压计）及汞锅炉、汞泵及汞气灯中。元素符号 Hg，俗称"水银"。

延伸阅读

"达达派"摄影

"达达派"是第一次世界大战期间出现于欧洲的一种文艺思想。"达达"，原为法国儿童语言中"小马"或"玩具马"的不连贯语汇。因为达达主义艺术家在创作中否定理性和传统文化，宣称艺术和美学无缘，主张"弃绘画和所有审美要求"，崇尚虚无，使创作近乎戏谑，因而人们把该艺术流派称之为"达达派"。

由于达达派摄影艺术作品不符合人们一般的审美趣味和审美要求，1924

年以后就逐渐受到有较明确、完整的艺术思想和纲领的超现实主义艺术流派的冲击。但其影响仍可在以后出现的现代派摄影艺术中窥见。

达达派的著名摄影家有菲利普哈尔斯曼、摩根、拉茨罗摩荷利纳基和利斯特基等。

印度物理学家拉曼

拉曼（1888~1970），因光散射方面的研究工作和拉曼效应的发现，获得了1930年度的诺贝尔物理学奖。

拉曼是印度人，是第一位获得诺贝尔物理学奖的亚洲科学家。拉曼还是一位教育家，他从事研究生的培养工作，并将其中很多优秀人材输送到印度的许多重要岗位。

拉曼1888年11月7日出生于印度南部的特里奇诺波利。父亲是一位大学数学、物理学教授，自幼对他进行科学启蒙教育，培养他对音乐和乐器的爱好。

拉曼天资出众，16岁大学毕业，以第一名获物理学金奖。19岁又以优异成绩获硕士学位。1906年，他仅18岁，就在英国著名科学杂志《自然》上发表了论文，是关于光的衍射效应的。由于生病，拉曼失去了去英国某所著名大学作博士论文的机会。独立前的印度，如果你没有取得英国的博士学位，就没有资格在科学文化界任职。但会计行业是唯一的例外，不需先到英国受训。于是拉曼就投考财政部以谋求职业，结果获得第一名，被授予总会计助理的职务。

拉曼在财政部工作很出色，担负的责任也越来越重，但他并不想沉浸在官场之中。他念念不忘自己的科学目标，把业余时间全部用于继续研究声学和乐器理论。加尔各答有一所学术机构，叫印度科学教育协会，里面有实验室，拉曼就在这里开展他的声学和光学研究。经过10年的努力，拉曼在没有高级科研人员指导的条件下，靠自己的努力取得了一系列成果，也发表了许多论文。

1917年加尔各答大学破例邀请他担任物理学教授，使他从此能专心致力于科学研究。他在加尔各答大学任教16年期间，仍在印度科学教育协会进行实验，不断有学生、教师和访问学者到这里来向他学习、与他合作，逐渐形成了以他为核心的学术团体。许多人在他的榜样和成就的激励下，走上了科学研究的道路。其中有著名的物理学家沙哈和玻色。这时，加尔各答正在形成印度的科学研究中心，加尔各答大学和拉曼小组在这里面成了众望所归的核心。1921年，由拉曼代表加尔各答大学去英国讲学，说明了他们的成果已经得到了国际上的认同。

1934年，拉曼和其他学者一起创建了印度科学院，并亲任院长。1947年，又创建了拉曼研究所。他在发展印度的科学事业上的丰功伟绩是不朽的。拉曼抓住分子散射这一课题是很有眼力的。在他持续多年的努力中，显然贯穿着一个思想，这就是：针对理论的薄弱环节，坚持不懈地进行基础研究。拉曼很重视发掘人才，从印度科学教育协会到拉曼研究所，在他的周围总是不断涌现着一批批富有才华的学生和合作者。仅以光散射这一课题统计，在30年期间，前后就有66名学者从他的实验室发表了377篇论文。他对学生循循善诱，深受学生敬仰和爱戴。拉曼爱好音乐，也很爱鲜花异石。他研究金刚石的结构，耗去了他所得奖金的大部分。晚年致力于对花卉进行光谱分析。在他80寿辰时，出版了他的专集：《视觉生理学》。拉曼喜爱玫瑰胜于一切，他拥有一座玫瑰花园。拉曼1970年逝世，享年82岁，按照他生前的意愿火葬于他的花园里。

在X射线的康普顿效应被发现以后，海森堡曾于1925年预言：可见光也会有类似的效应。1928年，拉曼在《一种新的辐射》一文中指出：当单色光定向地通过透明物质时，会有一些光受到散射。散射光的光谱，除了含有原来波长的一些光以外，还含有一些弱的光，其波长与原来光的波长相差一个恒定的数量。这种单色光被介质分子散射后频率发生改变的现象，称为并合散射效应，又称为拉曼效应。这一发现，很快就得到了公认。英国皇家学会正式称之为"20年代实验物理学中最卓越的三四个发现之一"。

拉曼效应为光的量子理论提供了新的证据。后人研究表明，拉曼效应对于研究分子结构和进行化学分析都是非常重要的。

在光的散射现象中有一特殊效应，和X射线散射的康普顿效应类似，光的频率在散射后会发生变化。频率的变化决定于散射物质的特性。这就是拉曼效应，是拉曼在研究光的散射过程中于1928年发现的。在拉曼和他的合作者宣布发现这一效应之后几个月，苏联的兰兹伯格和曼德尔斯坦也独立地发现了这一效应，他们称之为联合散射。拉曼光谱是入射光子和分子相碰撞时，分子的振动能量或转动能量和光子能量叠加的结果，利用拉曼光谱可以把处于红外区的分子能谱转移到可见光区来观测。因此拉曼光谱作为红外光谱的补充，是研究分子结构的有力武器。

知 识 点

《自然》

　　《自然》是世界上历史悠久、最有名望的科学杂志之一，首版于 1869 年 11 月 4 日。与当今大多数科学杂志专一于一个特殊的领域不同，《自然》是少数依然发表来自很多科学领域的一手研究论文的杂志。在许多科学研究领域中，很多最重要、最前沿的研究结果都以短讯的形式发表在《自然》上。

　　《自然》是科学界普遍关注、具有国际性、跨学科的周刊类科学杂志。

延伸阅读

分子光谱的作用

　　分子光谱是提供分子内部信息的主要途径，根据分子光谱可以确定分子的转动惯量、分子的键长和键强度以及分子离解能等许多性质，从而可推测分子的结构。

　　分子光谱是分子的内部运动状态发生变化所产生的吸收或发射光谱（从紫外到远红外直至微波谱）。分子运动包括整个分子的转动，分子中原子在平衡位置的振动以及分子内电子的运动，因此，分子光谱一般有 3 种类型：转动光谱、振动光谱和电子光谱。分子中的电子在不同能级上的跃迁产生电子光谱。由于它们处在紫外与可见区，又称为紫外可见光谱。电子跃迁常伴随能量较小的振转跃迁，所以它是带状光谱。与同一电子能态的不同振动能级跃迁对应的是振动光谱，这部分光谱处在红外区而称为红外光谱。振动伴随着转动能级的跃迁，所以这部分光谱也有较多较密的谱线，故又称振转光谱。纯粹由分子转动能级间的跃迁产生的光谱称为转动光谱。这部分光谱一般位于波长较长的远红外区和微波区而称为远红外光谱或微波谱。

可怕的光污染
KEPA DE GUANG WURAN

近年来，城市更亮了，夜色更美了。"让城市亮起来"成为一句非常时尚的口号。但是，在华灯闪烁的城市中，在美丽的夜景之下，光污染一直被人们忽视。这些亮光在使城市变美丽的同时也给都市人的生活及健康带来了一些不利影响。城市上空不见了星辰，刺眼的灯光让人紧张，人工白昼使人难以入睡等等。

常见的人工白昼污染

华灯溢彩，霓虹闪烁，越来越多的城市夜景绚丽多彩。在城市里，随处可见的人工白昼使城市更亮了，夜色更美了。但是，在美丽夜景之下，人工白昼所形成的光污染一直被人们所忽视。据国际上的一项调查显示，有2/3的人认为人工白昼影响健康，有84%的人反映影响夜间睡眠。正常的"生物钟"也被打乱。

人体在光污染中最先受害的是直接接触光源的眼睛，光污染会导致视疲劳和视力下降。人工白昼光源让人眼花缭乱，不仅对眼睛不利，而且干扰大脑中枢神经，使人感到头晕目眩，出现恶心呕吐、失眠等症状。

光污染扰乱机体自身的自然平衡，使人体产生一种"光压力"。若长期处

171

于这种压力下，体内的生物和化学系统会发生改变，体温、心跳、脉搏、血压会变得不协调，各种疾病乘虚而入。经常处于光照环境中的新生儿，往往会出现睡眠和营养方面的问题，甚至会刺激儿童性早熟。这是因为接受光照太多，会减少松果体褪黑激素的分泌，减弱对性腺发育的抑制，导致性器官的超前发育，使性早熟不可避免。

对于人工白昼所造成的光污染，各国关注程度不同，法律约束的差别也非常大。欧美许多国家曾经有过城市亮化的兴盛期，城市亮化之后他们察觉到了危害，吸取了深刻的教训。在欧美和日本，人工白昼污染的问题早在20世纪80年代就已引起人们的关注。美国还成立了国际黑暗夜空协会，专门与人工白昼污染作斗争。

白昼污染

进入21世纪，随着工业社会的进一步发展和人们夜生活的日趋频繁，人工白昼所形成的光污染愈演愈烈。如何对其进行防治，降低其对人们身心健康的危害，成为各国普遍关注的问题。

首先应该从源头上抓起。城市规划和夜景照明要立足生态环境的协调统一，实现建设夜景，保护夜空双达标的要求。对那些正在建设夜景照明的城市务必在规划时就考虑光污染问题，做到防患于未然；对已产生光污染的城市，应立即采取措施，把光污染消除在萌芽状态。

其次，应制定防治人工白昼污染的标准和规范。在国家或地区性环境保护法规中增加防治人工白昼污染内容，强调城市夜景照明要严格按照照明标准设计，合理选择光源、灯具和布灯方案，尽量使用光束发散角小的灯具，并在灯具上采取加遮光罩或隔片的措施，严格限制光污染的产生。并且要大力做好人工白昼污染的公益宣传和教育工作，做到家喻户晓、人人皆知。同时在高科技节能照明上下大力气，实现人文照明、绿色照明、科技照明。另外，在治理人工白昼污染问题上，还要有法可依，执法必严，违法必究。

知识点

生 物 钟

生物钟又称生理钟。它是生物体内的一种无形的"时钟"，实际上是生物体生命活动的内在节律性，它是由生物体内的时间结构序所决定的。通过研究生物钟，目前已产生了时辰生物学、时辰药理学和时辰治疗学等新学科。可见，研究生物钟，在医学上有着重要的意义，并对生物学的基础理论研究起着促进作用。

延伸阅读

白昼污染

在饰有华灯的华盛顿纪念碑下，曾经在 1.5 小时内就找到 500 余只鸟的尸骸。位于英王宫琴行街的一个巨型广告牌，晚上灯火通明，刺眼的强光，在黑夜发出一束激光似的光柱直冲霄汉，而该区上空附近航机频繁，强光是否会影响飞行员的视线，颇让人担心。邻近的住户，如健威花园和宝石楼的居民，亦投诉广告牌的强光反射，把家居照得如同白昼，辗转反侧难以入睡，导致精神不振，影响正常的生活起居。

可怕的彩光污染

随着人们追求时尚，对生活质量的高要求，夜生活已逐渐成为人们生活中不可缺少的一部分。到了夜间，各种娱乐场所人头攒动，热闹非凡。商业街的霓虹灯、灯箱广告和灯光标志等越来越多，规模也越来越大，亮度越来越高，从而加速了彩光污染的形成，尤其是作为夜生活主要场所的歌舞厅中，人们在尽情享受着音乐节奏的快乐时，任凭五颜六色的彩光挥洒在身上，刺激着自己的神经和视觉，却忽视了身心健康也会在欢乐中慢慢透支。

据测定，黑光灯可产生波长为 250～320 纳米的紫外线，其强度大大高于阳光中的紫外线，人体如果长期受到这种黑光灯照射，有可能诱发鼻出血、牙齿脱钙、白内障，甚至导致白血病和癌症。这种紫外线对人体的有害影响可持续 15～25 年。旋转活动灯及彩色光源，令人眼花缭乱，不仅对眼睛不利，而且可干扰大脑中枢神经，使人感到头晕目眩，站立不稳，出现头痛、失眠、注意力不集中、食欲下降等症状。歌舞厅的霓虹灯的闪烁灯光除有损人的视觉功能外，还可扰乱人体的内部平衡，使体温、心跳、脉搏、血压等变得不协调，引起脑晕目眩、烦躁不安、食欲不振和乏力失眠等光害综合征。荧光灯照射时间过长会降低人体的钙吸收能力，导致机体缺钙。

彩光污染

科学家研究表明，彩光污染不仅有损人的生理功能，还会影响人们的心理健康，在缤纷多彩的灯光环境下待久了，人们或多或少会在心理和情绪上受到影响。比如在刺目的灯光下会让人感到紧张等。另外还浪费了大量的电力资源，对城市的环境造成严重的污染。

要做到真正有效地防治彩光污染，首先应该控制在源头上。在城市建设中，应该多培养一批专业的设计规划师，建立一套完善的城市亮化整体规划，设计生态化、环保型的夜景灯光，制定科学合理的光度分布标准，完善建设符合生态、环保要求的"绿色照明"环境。设计师们在考虑建筑物功能与美观的同时，也应该注意更多地避免"彩光污染"。做到除了商业步行街的彩光源可以采用光效高、寿命长的照明设备外，城市一般照明使用的器材应是节能效果显著、无光污染的绿色照明产品。

其次，对广告牌和霓虹灯应加以控制和科学管理；在建筑物和娱乐场所周围，要多植树、栽花、种草和增加水面，以便改善光环境；注意减少大功率强光源等等。力求使城市风貌和谐自然，让人们能够生活在一个宁静、舒适、安全、无污染、无公害的优美环境中。

知识点

中枢神经系统

中枢神经系统是神经系统的主要部分。其位置常在人体的中轴，由脑神经节、神经索或脑和脊髓以及它们之间的连接成分组成。在中枢神经系统内大量神经细胞聚集在一起，有机地构成网络或回路。中枢神经系统是接受全身各处的传入信息，经它整合加工后成为协调的运动性传出，或者储存在中枢神经系统内成为学习、记忆的神经基础。人类的思维活动也是中枢神经系统的功能。

延伸阅读

彩光鞭炮

彩光鞭炮是一种新型、高效、安全的彩色鞭炮，不但色彩鲜艳，而且环保。传统鞭炮的生产工艺复杂，速度慢、成本高，尤其是配药十分危险，常常会造成火灾隐患和人身伤害，彩光鞭炮的出现改变了这个局面。彩光鞭炮燃放时会呈现出五彩缤纷的耀眼彩光，十分美丽，而且燃放十分安全；这种安全的礼炮价格十分低廉，而且个性化十足，是一种新的鞭炮燃放选择，深受人们欢迎。

逐年增加的视觉污染

在现代化的城市中，两种视觉环境让人觉得厌烦，那就是无内容视野和单质视野。无内容视野和单质视野最易引起视觉污染。

人的眼睛就像是一对自动的搜索器一样，总是处于寻找状态，大约2~3秒就会移动一次，每移动一次总要抓住一些东西。不过在无内容视野的环境里面，人就没有什么可以抓到的具体内容，结果就会出现视觉饥渴。所以，住在大城市里的人通常都有过这样的感觉，眼睛明明是看到了很多东西，但却好像什么东西都没看到，空空洞洞的，这就是某些城市里的景色给我们视觉带来一种污染。

单质视野指的是集中了大量同样成分的视觉环境。比如，在城市中，把同样的东西组合在一个平面上，用同一种格式铺人行道，用同样花色的瓷砖贴一面墙或是在大厦的墙面上设计全部相同的窗户，同样的设计、同样的风格、同样的感觉，这就是单质视野。视觉生态学家认为，这种千篇一律的东西会让人心情不舒畅，甚至会烦躁不安。这是因为人的神经细胞是按照自己的规律在工作，而人的大脑又不喜欢千篇一律的东西。这个世界本来是千变万化的，有春夏秋冬、高山平原、丘陵森林、沼泽沙漠，所以我们置身大自然时会感到身心无比愉悦，而城市是人工造出来的，在很多时候，城市棱角分明的几何建筑图景传达给我们的是一种很单调的信息，这样看久了，大脑就会产生烦躁的情绪。一些被故意破坏的现象，像草坪被践踏、栏杆被损毁、墙壁被涂鸦等等，一定程度上就是视觉上让人出现单质视野所导致的心理不平衡的结果，去破坏它的人觉得这样做了大自然就出现了一点变化，就像人们在面临一池平静的湖水时总会有捡起一块石子投进去的欲望，希望打破这种沉闷的平静，看到湖水泛起涟漪。

视觉生态学家警告我们，视觉污染不能等闲视之。因为它不仅能导致神经功能、体温、心律、血压等等失去协调，还会引起头晕目眩、烦躁不安、饮食下降、注意力不集中、无力、失眠等症状。

知识点

视 觉

视觉是一个生理学名词。光作用于视觉器官，使其感受细胞兴奋，其信息经视觉神经系统加工后便产生视觉。通过视觉，人和动物感知外界物体的大小、明暗、颜色、动静，获得对机体生存具有重要意义的各种信息，至少有80%以上的外界信息经视觉获得，视觉是人和动物最重要的感觉。

延伸阅读

环境污染

人类一直以为地球上的水、空气是无穷无尽的，所以不担心把千万吨废气送到天空去，又把数以亿吨计的垃圾倒进江河湖海。大家都认为世界这么大，这一点废物算什么？这就错了，其实地球虽大（半径6 300多千米），但生物只能在海拔8千米到海底11千米的范围内生活，而占95%的生物都只能生存在中间约3千米的范围内，人们竟肆意地从三方面来弄污这有限的生活环境。

陆地污染：垃圾的清理成了各大城市的重要问题，每天千万吨的垃圾中，好多是不能焚化或腐化的，如塑料、橡胶、玻璃等人类的第一号敌人。

海洋污染：主要是从油船与油井漏出来的原油，农田用的杀虫剂和化肥，工厂排出的污水，矿场流出的酸性溶液；它们使得大部分的海洋湖泊都受到污染，结果不但海洋生物受害，就是鸟类和人类也可能因吃了这些生物而中毒。

空气污染：这是最为直接与严重的了，主要来自工厂、汽车、发电厂等等放出的一氧化碳和硫化氢等，每天都有人因接触了这些污浊空气而染上呼吸器官或视觉器官的疾病。我们若仍然漠视专家的警告，将来一定会落到无半寸净土可住的地步。

水污染是指水体因某种物质的介入，而导致其化学、物理、生物或者放射性污染等方面特性的改变，从而影响水的有效利用，危害人体健康或者破坏生态环境，造成水质恶化的现象。

大气污染是指空气中污染物的浓度达到或超过了有害程度，导致破坏生态系统和人类的正常生存和发展，对人和生物造成危害。

噪声污染是指所产生的环境噪声超过国家规定的环境噪声排放标准，并干扰他人正常工作、学习、生活的现象。

放射性污染是指由于人类活动造成物料、人体、场所、环境介质表面或者内部出现超过国家标准的放射性物质或者射线。

由于人们对工业高度发达的负面影响预料不够，预防不力，导致了全球性的三大危机：资源短缺、环境污染、生态破坏。人类不断地向环境排放污染物质，但由于大气、水、土壤等的扩散、稀释、氧化还原、生物降解等的作用，污染物质的浓度和毒性会自然降低，这种现象叫做环境自净。如果排放的物质超过了环境的自净能力，环境质量就会发生不良变化，危害人类健康和生存，这就发生了环境污染。

环境污染会降低生物生产量，加剧环境破坏。

伤害较大的激光污染

激光污染也是光污染的一种特殊形式。由于激光具有方向性好、能量集中、颜色纯等特点，而且激光通过人眼晶状体的聚焦作用后，舞厅内的镭射灯也会造成激光污染，到达眼底时的光强度比原来可增大几百至几万倍，所以激光对人眼有较大的伤害作用。激光光谱的一部分属于紫外和红外范围，会伤害眼结膜、虹膜和晶状体。功率很大的激光能危害人体深层组织和神经系统。近年来，激光在医学、生物学、环境监测、物理学、化学、天文学以及工业等多方面的应用日益广泛，激光污染愈来愈受到人们的重视。

"镭射光饰"作为新工具，在舞台、舞厅里得到广泛使用。镭射光饰频频换转方向，射出各种色彩的光亮和图像，令人感到新奇，增添了舞台的表现效果。所谓"镭射"，与放射性元素镭无关，指的是激光，是英文的译音。如果在镭射光中稍不注意，便会造成激光污染。

科学家经过研究发现，激光光束照射人眼的水晶体，会引起白内障。其次，眩目的彩光，久视之后也会影响视神经和中枢神经系统，使人出现头晕眼花等症状。所以，在娱乐场所过分接触激光刺激，可能对人体造成危害，不可忽视。

知识点

虹　膜

虹膜属于眼球中层，位于血管膜的最前部，在睫状体前方，有自动调节瞳孔的大小，调节进入眼内光线多少的作用。虹膜中央有瞳孔。在马、牛瞳孔的边缘上有虹膜粒。

延伸阅读

绚丽的舞台灯光

舞台灯光也叫"舞台照明",简称"灯光"。舞台美术造型手段之一。运用舞台灯光设备（如照明灯具、幻灯、控制系统等）和技术手段,随着剧情的发展,以光色及其变化显示环境,渲染气氛,突出中心人物,创造舞台空间感、时间感,塑造舞台演出的外部形象,并提供必要的灯光效果（如风、雨、云、水、闪电）等。

经常遇见的紫外线污染

紫外线最早应用于消毒以及某些工艺流程中。近年来它的使用范围不断扩大,如用于人造卫星对地面的探测。紫外线的效应按其波长而有所不同,波长为1 000～1 900埃的真空紫外部分,可被空气和水吸收;波长为1 900～3 000埃的远紫外部分,大部分可被生物分子强烈吸收;波长为3 000～3 300埃的近紫外部分,可被某些生物分子吸收。

紫外线对人体伤害主要是眼角膜和皮肤。造成角膜损伤的紫外线主要为2 500～3 050埃部分,而其中波长为2 880埃的作用最强。角膜多次暴露于紫外线,并不增加对紫外线的耐受能力。紫外线对角膜的伤害作用表现为一种叫做畏光眼炎的极痛的角膜白斑伤害。除了剧痛外,还导致流泪、眼睑痉挛、眼结膜充血和睫状肌抽搐。紫外线对

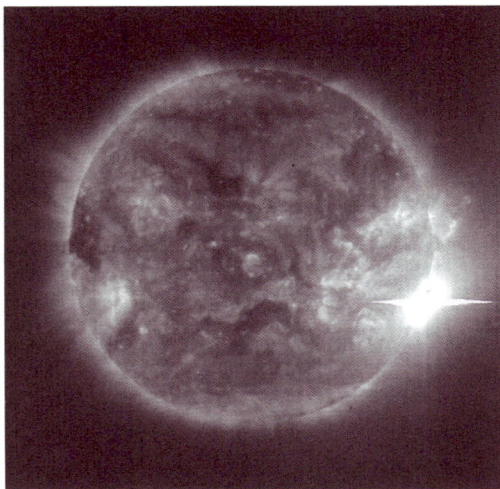

紫外线

皮肤的伤害作用主要是引起红斑和小水疱，严重时会使表皮坏死和脱皮。人体胸、腹、背部皮肤对紫外线最敏感，其次是前额、肩部和臀部，再次为脚掌和手背。

知识点

眼角膜

眼角膜是眼睛前端的一层透明薄膜。角膜完全透明，位于眼球前部，呈横椭圆形。占眼球外壁的1/6的角膜和巩膜一起构成眼球的外壁组织。角膜（Cornea）是眼睛最前面的凸形高度透明物质，覆盖虹膜、瞳孔及前房，并为眼睛提供大部分屈光力。加上晶体的屈光力，光线便可准确地聚焦在视网膜上构成影像。角膜有十分敏感的神经末梢，如有外物接触角膜，眼睑便会不由自主地合上以保护眼睛。为了保持透明，角膜并没有血管，透过泪液及房水获取养分及氧气。

延伸阅读

阻隔紫外线的5种水果

1. 番茄

这是最好的防晒食物。番茄富含抗氧化剂番茄红素，每天摄入16毫克番茄红素可将晒伤的危险系数下降40%。食用熟番茄比生吃效果更好。同时吃一些土豆或者胡萝卜会更有效，其中的β胡萝卜素能有效阻挡UV。

2. 西瓜

西瓜含水量在水果中是首屈一指的，所以特别适合补充人体水分的损失。此外，它还含有多种具有皮肤生理活性的氨基酸，易被皮肤吸收，对面部皮肤的滋润、营养、防晒、增白效果较好。

3. 柠檬

含有丰富维生素 C 的柠檬能够促进新陈代谢，延缓衰老现象，美白淡斑，收细毛孔，软化角质层及令肌肤有光泽。据研究，柠檬能降低皮肤癌发病率，每周只要一勺左右的柠檬汁即可将皮肤癌的发病率下降 30%。

4. 橙子

橙子中含丰富的维生素 C、维生素 P，能增强机体抵抗力，增加毛细血管的弹性，降低血中胆固醇，可防治高血压、动脉硬化，确保夏日里的身体健康。

5. 猕猴桃

猕猴桃含有维生素 C、维生素 E、维生素 K 等多种维生素，属营养和膳食纤维丰富的低脂肪食品，对减肥健美、美容有独特的功效。猕猴桃含有抗氧化物质，能够增强人体的自我免疫功能。

上班族的克星——电脑辐射

网上冲浪，是当今社会的一大潮流。我们通过网络查找新闻，收发邮件，与同学朋友进行心与心的沟通。然而电脑作为一种现代高科技的产物和电器设备，在给人们的工作和生活带来更多便利、高效与欢乐的同时，也存在着一些有害于人类健康的不利因素。

常在电脑面前工作的人们，为减少电脑对自己的辐射危害，便统一戴上了面罩。

电脑对人类健康的隐患，主要表现在电脑辐射上。从辐射类型来看，主要包括电脑在工作时产生和发出的电磁辐射（各种电磁射线和电磁波等）、光（紫外线、红外线辐射以及可见光等）等多种辐射"污染"。

曾有文献报道：1998 年世界卫生组织列出电磁辐射对人体的五大影响：

1. 电磁辐射是心血管病、糖尿病、癌突变的主要诱因。

2. 电磁辐射对人体生殖系统、神经系统、免疫系统造成伤害。

3. 电磁辐射是孕妇流产、不育、畸胎等病变的诱发因素。

4. 电磁辐射直接影响儿童的发育、骨骼发育，导致视力下降、视网膜脱落、肝脏造血功能下降。

5. 电脑在运行时，由机箱主体及显示器发出的电磁波，会对周围的环境造成污染，不利于健康。电磁辐射虽然可使生理功能下降，女性内分泌功能紊乱，月经失调，但很多媒体把"磁污染"与正常生存的"磁效应"混为一谈，应辨明的是：这些危害人体的问题源自于电磁过量的"污染"，适当应用电磁屏蔽材料的产品不会有这方面问题。

电脑的辐射源还会直接影响到我们身体的内分泌系统功能的紊乱，从而使皮肤代谢不规律等。加上电脑有磁性，会聚积一些灰尘和不洁的空气，这些都会影响到我们皮肤自身的质量，加剧皮肤的老化程度，辐射还会使皮肤变黑。

针对每一种不同类型的皮肤，表现有所不同：

混合性肤质：这样的肤质，通常具备干性和油性两种肤质的特征，一般是T区油，两颊干。面对电脑的话，两种肤质的特点就越发明显了。

油性肤质：就会出油情况严重，或者是出油的同时面部开始发干，也就是缺乏水分、起痘痘、毛孔粗大等。

干性肤质：则表现为皮肤干燥，出现细纹，没有光泽，有黑斑。

那么，如何克服电脑对皮肤的伤害呢？专家教你几招对策：

从各种蔬菜和水果中，都可以摄取到丰富的维生素 C，因为它是水溶性的。

再来说说维生素 E 吧，它又叫生育醇，有非常多的用途，针对于电脑皮肤的人士来讲，时常吃一些天然维生素 E 的东西，比如动物内脏、各种豆类等等，对保护细胞壁非常有效果，从而加强皮肤抗氧化。

最后，平时还要注意多饮水。每天最好是 2 500 毫升，打个比方，1 瓶矿泉水的量是 550 毫升，大约要喝 4 瓶。保持每天 1 000 毫升的排尿量。多吃蔬菜和水果这些弱碱性的食物，保持身体弱碱性状态，少吃酸性食物，这样皮肤就会慢慢改善。

那么，最有效的防电脑辐射的方法是什么呢？

第一招：饮食调解。对于生活紧张而忙碌的人群来说，抵御电脑辐射最简单的办法就是在每天上午喝 2 ~ 3 杯的绿茶，吃一个橘子。茶叶中含有丰富的维生素 A 原，它被人体吸收后，能迅速转化为维生素 A。维生素 A 不但能合成视紫红质，还能使眼睛在暗光下看东西更清楚。因此，绿茶不但能消除电脑辐射的危害，还能保护和提高视力。如果不习惯喝绿茶，菊花茶同样也能起着抵抗电脑辐射和调节身体功能的作用，螺旋藻、沙棘油也具有抗辐射的作用。

注意酌情多吃一些胡萝卜、豆芽、西红柿、瘦肉、动物肝等富含维生素 A、维生素 C 和蛋白质的食物等等。

第二招：上网前先做好护肤隔离。如使用珍珠膜，独特的"南珠翠膜"

在肌肤上形成一层0.001毫米厚的珍珠膜，可以有效防止污染环境的侵害和辐射；其次在使用电脑后，脸上会吸附不少电磁辐射的颗粒，要及时用清水洗脸，这样将使所受辐射减轻70%以上。

第三招：操作电脑时最好在显示屏上安一块电脑专用滤色板以减轻辐射的危害。室内不要放置闲杂金属物品，以免形成电磁波的再次发射。使用电脑时，要调整好屏幕的亮度。一般来说，屏幕亮度越大，电磁辐射越强，反之越小。不过，也不能调得太暗，以免因亮度太小而影响效果，且易造成眼睛疲劳。

第四招：应尽可能购买新款的电脑，一般不要使用旧电脑。旧电脑的辐射较厉害，在同距离、同类机型的条件下，一般是新电脑的1～2倍。

第五招：电脑摆放位置很重要。尽量别让屏幕的背面朝着有人的地方，因为电脑辐射最强的是背面，其次为左右两侧，屏幕的正面反而辐射最弱。以能看清楚字为准，至少也要50～75厘米的距离，这样可以减少电磁辐射的伤害。

第六招：注意室内通风。科学研究证实，电脑的荧屏能产生一种叫溴化二苯并呋喃的致癌物质。所以，放置电脑的房间最好能安装换气扇，倘若没有，上网时尤其要注意通风。

第七招：在电脑桌上放几支香蕉很有必要。香蕉中的钾可帮助人体排出多余的盐分，让身体达到钾钠平衡，缓解眼睛的不适症状。此外，香蕉中含有大量的β胡萝卜素，当人体缺乏这种物质时，眼睛就会变得疼痛、干涩、眼珠无光、失水少神，多吃香蕉不仅可减轻这些症状，还可在一定程度上缓解眼睛疲劳，避免眼睛过早衰老。

专家研究发现，其实凡是用电的日常家用设备都会产生电磁辐射，对人体有无危害，最重要的是要看辐射能量的大小。根据国际辐射防护协会和国际劳工组织的规定，电磁场的安全强度是0.2～0.4微特斯拉（这是24小时接触计算机时的电磁场安全限值），低于此强度对人体没有危害。一些专门研究机构测试过计算机的电磁场强度，结果发现，紧贴荧光屏处电磁场强度为0.9，但离开荧屏约5厘米处，强度不到0.1，再远一点至30厘米处（这是计算机操作者的身体与荧屏之间的习惯距离），其强度几乎无法测出。此外，空间中的电磁波确实是无处不在的，但是在一般情况下，这种电磁辐射的强度很小，不会对人体健康造成伤害。我国颁布的《电磁辐射防护规定》，规定了电磁辐射污染的设备和对人员影响的标准限值，只有当电磁波达到一定强度的时候，才需要重点保护。

知 识 点

钾

钾是一种化学元素，化学符号为 K，原子序数 19，相对原子质量为 39.098 3，属周期系ⅠA 族，为碱金属的成员。元素的英文名称来源于 potash 一词，含义是木灰碱。钾在地壳中的含量为 2.59%，占第七位。在海水中，除了氯、钠、镁、硫、钙之外，钾的含量占第六位。

延伸阅读

预防电脑伤眼的误区

误区一，防辐射可以保护眼睛

防辐射这个概念被商家炒作得尽人皆知，其实电脑的辐射非常小，对人体和眼睛危害很小，大家可在百度百科中搜索"辐射"来详细了解电脑辐射。防辐射眼镜对眼睛保护作用有限，最明显的标志就是久用电脑后眼睛还是会酸涩、发热甚至疼痛流泪。

误区二，防紫外线可以保护眼睛

紫外线确实会引起眼底细胞的损伤，但是眼睛的结膜和晶体可以阻挡和吸收大部分紫外光，真正能够照射到眼底的紫外光很少。很多眼镜都可以过滤紫外光，可是戴着这些眼镜用电脑，时间稍长眼睛还是会出现酸涩、发热甚至疼痛等不舒服的症状。因此防紫外线眼镜不能完全保护眼睛。

误区三，调暗电脑背景光可以减少对眼睛的伤害

调暗电脑背景光虽然能够减轻亮光的刺激，但是无法减少蓝光对眼睛的刺激，因此时间稍长眼睛还是会出现各种不适。